MATHEMATIK
Natürliche Zahlen
Klasse **6/7**

Bruchrechnen

Klaus Schelper

TANDEM VERLAG

Der Text dieses Buches entspricht den Regeln der neuen deutschen Rechtschreibung.

www.tandem-verlag.de
© Schroedel Verlag GmbH
Alle Rechte vorbehalten.

ISBN 3-89731-580-7

Genehmigte Sonderausgabe für den Tandem Verlag GmbH, Königswinter

Umschlaggestaltung: Liselotte Lüddecke, Hannover
Illustrationen: E. Neuss, Hannover

Gesamtherstellung: Tandem Verlag GmbH, Königswinter

Das Buch stellt sich vor

Dieser Band hilft dir mit einer Fülle von Übungen, Sicherheit im Umgang mit natürlichen Zahlen und beim Bruchrechnen zu bekommen. Kurze, klar strukturierte Lerneinheiten verhelfen zu motiviertem Arbeiten und führen Schritt für Schritt zum Lernerfolg.

Der Autor, Klaus Schelper, ist ein erfahrener Pädagoge, der über eine langjährige Unterrichtspraxis im Fach Mathematik verfügt.

An wen richtet sich dieser Band?

An alle,
– die durch selbstständiges Arbeiten ihre Schulnoten verbessern wollen,
– die bereits vorhandenes Wissen auffrischen und wiederholen möchten,
– die Spaß daran haben, Neues zu lernen.

Zu jeder Übung findest du im Anhang die Lösungen. Das ermöglicht dir selbständiges Arbeiten und sorgt dafür, dass sich Fehler erst gar nicht festsetzen.

Die folgenden Elemente begleiten dich beim Lernen und geben dir einen Überblick:

TIPPS + HILFEN! Die Tipps + Hilfen erklären dir, wie du leichter lernen kannst und geben dir Hilfestellungen zum Lösen der Aufgaben.

UNBEDINGT MERKEN! Unter diesem Symbol findest du Regeln und Merksätze verständlich formuliert.

ZUSAMMENFASSUNG! Am Ende eines Kapitels wird in einer Zusammenfassung das Wesentliche noch einmal festgehalten.

TEST Schließlich kannst du zum Abschluss eines Kapitels dein erlerntes und geübtes Wissen in einem Test selbst überprüfen.

So, nun kann es aber losgehen. Wir wünschen dir viel Spaß beim Üben!

Die Redaktion

Alles über Brüche – leicht verständlich gemacht

Torsten kauft eine Lakritzschlange. Sie ist 60 cm lang. Er isst sofort ein Fünftel. Am 2. Tag will er von dem Rest ein Viertel essen. Am 3. Tag will er wieder von dem Rest ein Drittel essen. Am 4. Tag will er wieder von dem Rest die Hälfte essen. Am 5. Tag isst er den Rest. Wie viel cm isst er jeden Tag?

Lösung: 1. Tag: 60 cm : 5 = 12 cm   60 cm – 12 cm = 48 cm
          2. Tag: 48 cm : 4 = 12 cm   48 cm – 12 cm = 36 cm
          3. Tag: 36 cm : 3 = 12 cm   36 cm – 12 cm = 24 cm
          4. Tag: 24 cm : 2 = 12 cm   24 cm – 12 cm = 12 cm
          5. Tag: 12 cm – 12 cm =   0 cm

Antwort: Er isst jeden Tag 12 cm.

Brüche und ihre Vielfachen

UNBEDINGT MERKEN!

Teilt man ein Ganzes in 2, 3, 4, 5, ... gleich große Teile, so erhält man Halbe, Drittel, Viertel, Fünftel, ...

$\frac{1}{2}$ ist der 2. Teil eines Ganzen.
1 Ganzes hat 2 Halbe.

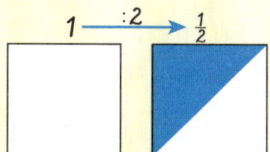

1 Ganzes hat 4 Viertel.
$\frac{1}{4}$ ist der 4. Teil eines Ganzen.

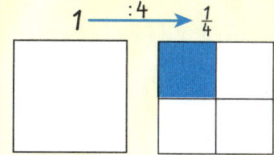

$\frac{1}{3}$ ist der 3. Teil eines Ganzen.
1 Ganzes hat 3 Drittel.

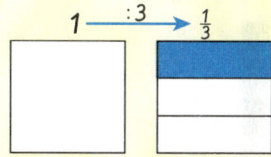

1 Ganzes hat 5 Fünftel.
$\frac{1}{5}$ ist der 5. Teil eines Ganzen.

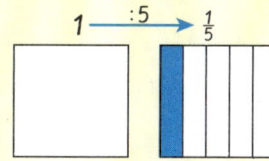

1. Färbe vom Ganzen: a) ein Drittel, b) ein Sechstel, c) ein Neuntel.

a)
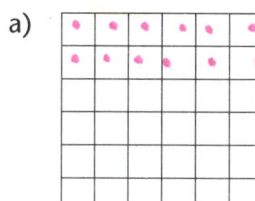

b)
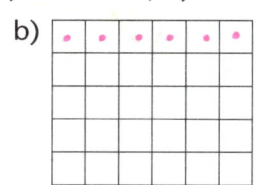

c)
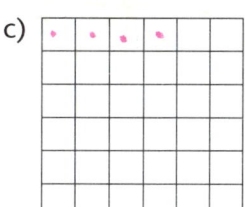

1. Wie heißt der blaue Teil?

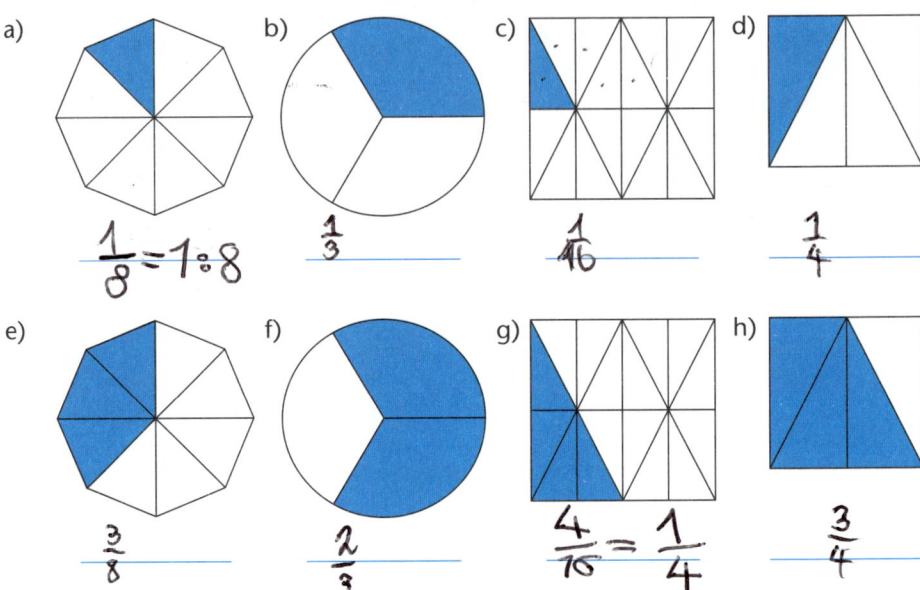

a) $\dfrac{1}{8} = 1 : 8$

b) $\dfrac{1}{3}$

c) $\dfrac{1}{16}$

d) $\dfrac{1}{4}$

e) $\dfrac{3}{8}$

f) $\dfrac{2}{3}$

g) $\dfrac{4}{16} = \dfrac{1}{4}$

h) $\dfrac{3}{4}$

UNBEDINGT MERKEN!

$\frac{1}{2}, \frac{1}{3}, \frac{1}{4}, \frac{1}{5}, \ldots \frac{2}{3}, \frac{2}{4}, \frac{3}{4}, \frac{4}{5}$ sind Brüche. Mit Brüchen bezeichnet man Teile von einem Ganzen.

Ein Bruch besteht aus zwei Zahlen:
Der Nenner gibt an, in wie viele gleich große Teile ein Ganzes zerlegt wird.
Der Zähler gibt an, wie viele von diesen Teilen zusammengefasst werden.

$$\dfrac{3}{8}$$

3 ← Zähler
— ← Bruchstrich
8 ← Nenner

2. Lars hat drei Achtel von einer Torte gegessen. Zeichne und fülle die Lücken aus.

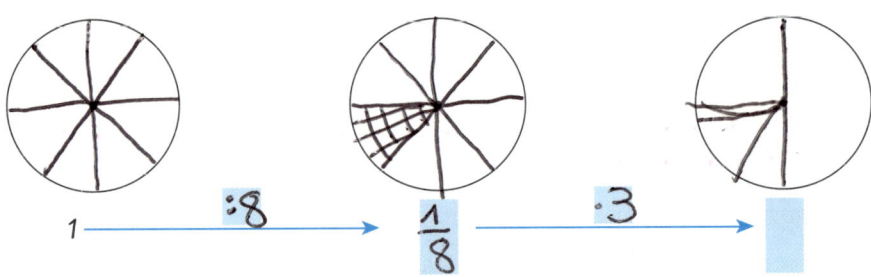

$1 \xrightarrow{\;:8\;} \dfrac{1}{8} \xrightarrow{\;\cdot 3\;} \Box$

1. Färbe von Rechteck a) $\frac{2}{3}$, von b) $\frac{3}{5}$, von c) $\frac{5}{6}$ des Ganzen.

a) 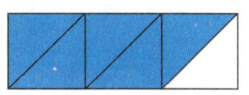 b) 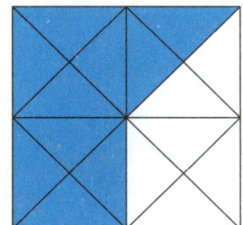 c)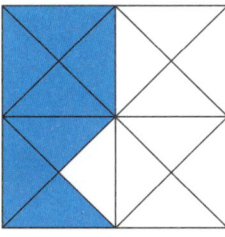

2. Wie heißt der blaue Teil?

a)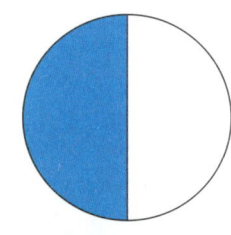

b)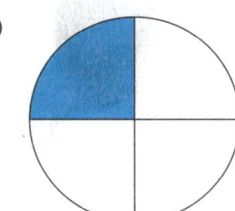

c)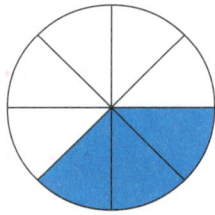

a) $\frac{5}{6}$

b) $\frac{10}{16}$ $\frac{10:2=5}{16:2=8}$

c) $\frac{7}{16}$

3. Welcher Bruchteil des Kreises K ist blau, welcher ist weiß? Schreibe wie im Beispiel.

a)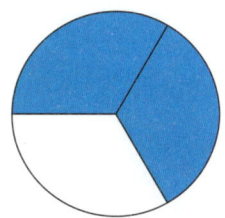

b)

c)

$\frac{1}{2}K + \frac{1}{2}K = 1K$

$\frac{1}{4}K + \frac{3}{4}K = 1K$

$\frac{3}{8}K + \frac{5}{8}K = 1K$

d)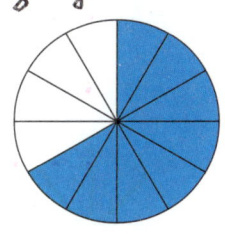

e)

f)

$\frac{2}{3}K + \frac{1}{3}K = 1K$

$\frac{4}{6}K + \frac{2}{6}K = 1K$

$\frac{8}{12}K + \frac{4}{12}K = 1K$

1. Welcher Bruchteil des Quadrates Q ist blau, welcher ist weiß?
Schreibe wie im Beispiel.

a)
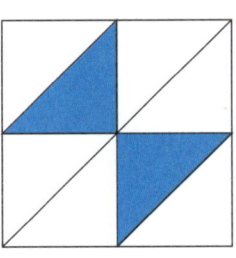

b)

c)
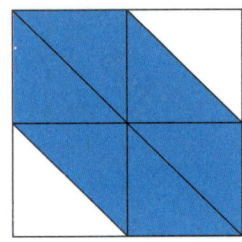

$$\frac{2}{8}Q + \frac{6}{8}Q = 1\,Q$$

d)

e)
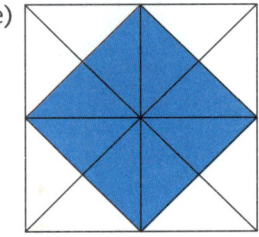

f)

2. Ein Rechteck R ist immer 12 Karos lang. Färbe ein.

a) $\frac{1}{2}$ R

b) $\frac{1}{3}$ R

c) $\frac{1}{4}$ R

d) $\frac{1}{6}$ R

e) $\frac{1}{12}$ R

f) $\frac{2}{3}$ R

g) $\frac{3}{4}$ R
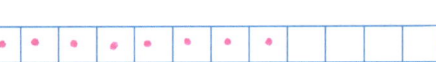

h) $\frac{5}{6}$ R

i) $\frac{5}{12}$ R
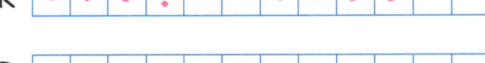

4 Freunde teilen sich 3 Tafeln Schokolade. Wie viel Schokolade bekommt jeder?

Lösung:

Teile jede der drei Tafeln in vier gleich große Teile.

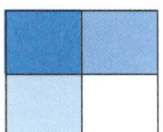 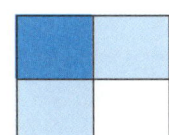 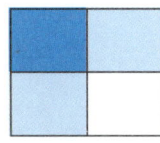

Gib dann jedem von jeder Tafel ein Viertel ($\frac{1}{4}$), also insgesamt drei Viertel ($\frac{3}{4}$): $3 : 4 = \frac{3}{4}$

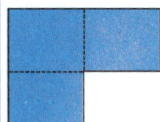 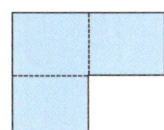 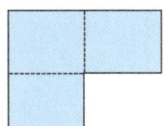 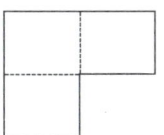

Antwort: Jeder erhält $\frac{3}{4}$ Tafeln.

UNBEDINGT MERKEN!

Dem Quotienten $3 : 4$ kann als Lösung der Bruch $\frac{3}{4}$ zugeordnet werden. Verfahre jetzt mit Quotienten immer so: $2 : 3 = \frac{2}{3}$; $5 : 6 = \frac{5}{6}$; $7 : 8 = \frac{7}{8}$; …

Der Bruch $\frac{3}{4}$ kann bedeuten:

von einem Ganzen drei Viertel   oder   von drei Ganzen je ein Viertel

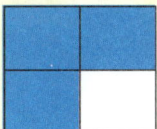   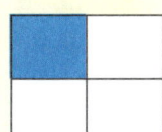 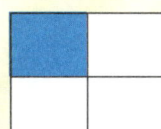 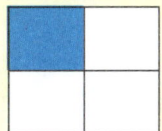

1. Wandle den Quotienten in einen Bruch um.

a) $1 : 3 =$ _____ b) $2 : 7 =$ _____ c) $5 : 9 =$ _____ d) $7 : 12 =$ _____

e) $13 : 25 =$ _____ f) $21 : 43 =$ _____ g) $37 : 52 =$ _____ h) $61 : 99 =$ _____

Vier Tafeln Schokolade sollen an Klaus, Fritz und Frieda verteilt werden. Wie viel Schokolade bekommt jeder?

Lösungen:

① Jede Tafel wird in drei gleich große Teile zerlegt. Jeder bekommt von jeder Tafel ein Drittel ($\frac{1}{3}$), also insgesamt ($\frac{4}{3}$).

$4 : 3 = \frac{4}{3}$

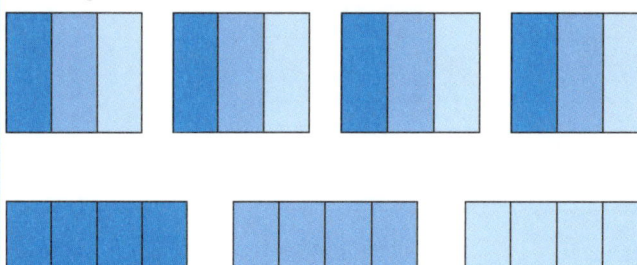

Antwort: Jeder bekommt $\frac{4}{3}$ Tafeln.

② Jeder bekommt zunächst eine ganze Tafel. Die übrig gebliebene Tafel wird in drei gleich große Teile zerlegt. Von dieser Tafel bekommt jeder ein Drittel ($\frac{4}{3}$), also insgesamt eine ganze Tafel und ein Drittel ($1\frac{1}{3}$):

$4 : 3 = 1\frac{1}{3}$

Antwort: Jeder bekommt $1\frac{1}{3}$ Tafeln.

UNBEDINGT MERKEN!

$\frac{4}{3}$ und $1\frac{1}{3}$ bezeichnen dieselbe Zahl. Bei dem Bruch $\frac{4}{3}$ ist der Zähler größer als der Nenner. Solche Brüche bezeichnen Bruchteile, die größer sind als 1 Ganzes. Man kann diese Brüche auch in gemischter Schreibweise (natürliche Zahl und Bruch) angeben: $\frac{4}{3} = 1\frac{1}{3}$.

1. Schreibe in gemischter Schreibweise.

a) $\frac{7}{4}$ kg = _____   b) $\frac{13}{10}$ t = _____   c) $\frac{17}{8}$ m = _____   d) $\frac{9}{2}$ cm = _____

2. Schreibe in Bruchschreibweise.

a) $3\frac{1}{3}$ t = _____   b) $2\frac{3}{8}$ m = _____   c) $4\frac{3}{4}$ kg = _____   d) $3\frac{1}{5}$ h = _____

3. Fülle die Lücken aus.

Bruch-schreibweise	$\frac{11}{4}$ t		$\frac{7}{4}$ m		$\frac{15}{4}$ cm	
gemischte Schreibweise		$4\frac{1}{2}$ kg		$2\frac{7}{10}$ g		$6\frac{1}{5}$ km

4. Verbinde mit einem Strich zusammengehörige Paare. Die Buchstaben ergeben ein Lösungswort.

a)

$3\frac{2}{5}$	$1\frac{7}{8}$	$4\frac{1}{4}$	$2\frac{5}{6}$	$5\frac{2}{7}$	$3\frac{5}{9}$

$\frac{15}{8}$	$\frac{17}{4}$	$\frac{17}{5}$	$\frac{17}{6}$	$\frac{32}{9}$	$\frac{37}{7}$
U	R	E	O	A	P

b)

$\frac{49}{8}$	$\frac{5}{2}$	$\frac{8}{7}$	$\frac{23}{5}$	$\frac{17}{3}$	$\frac{15}{4}$	$\frac{16}{9}$	$\frac{24}{5}$	$\frac{13}{6}$

$1\frac{1}{7}$	$4\frac{3}{5}$	$6\frac{1}{8}$	$2\frac{1}{2}$	$5\frac{2}{3}$	$3\frac{3}{4}$	$2\frac{1}{6}$	$4\frac{4}{5}$	$1\frac{7}{9}$
N	T	M	O	B	L	C	N	A

Brüche in Größenangaben

Oliver schneidet von einem 1 m langen Band ein $\frac{1}{4}$ m langes Stück ab.
Britta schneidet von einem 1 m langen Band ein $\frac{3}{4}$ m langes Stück ab.
Wie viele Zentimeter lang ist Olivers Stück, wie viele Zentimeter lang ist
Brittas Stück?

Lösungen:

① $\frac{1}{4}$ m ist der 4. Teil von einem Meter.

$$1\,m \xrightarrow{\;:4\;} \frac{1}{4}\,m$$
$$1\quad cm \xrightarrow{\;:4\;} 25\,cm$$
$\Big\}$ Also: $\frac{1}{4}$ m = 25 cm

② $\frac{3}{4}$ m ist das 3fache von $\frac{1}{4}$ m, also das 3fache von 25 cm.

$$1\,m \xrightarrow{\;:4\;} \frac{1}{4}\,m \xrightarrow{\;\cdot 3\;} \frac{3}{4}\,m$$
$$100\,cm \xrightarrow{\;:4\;} 25\,cm \xrightarrow{\;\cdot 3\;} 75\,cm$$
$\Big\}$ Also: $\frac{3}{4}$ m = 75 cm

Antwort: Olivers Stück ist 25 cm lang, Brittas Stück 75 cm lang.

UNBEDINGT MERKEN!

Mit Brüchen kann man Größen (Längen, Flächeninhalte, Rauminhalte,
Gewichte und Zeitspannen) angeben.
Sie sind in den Größenangaben die Maßzahlen.

		Maßzahlen		
$\frac{3}{4}$ m	$\frac{1}{4}$ m²	$\frac{7}{10}$ l	$\frac{1}{2}$ kg	$\frac{1}{10}$ h
		Maßeinheiten		

1. Berechne die Längenangaben.
Beachte: 1 cm = 10 mm; 1 m = 100 cm; 1 km = 1 000 m

a) $\frac{1}{2}$ cm = _____ mm

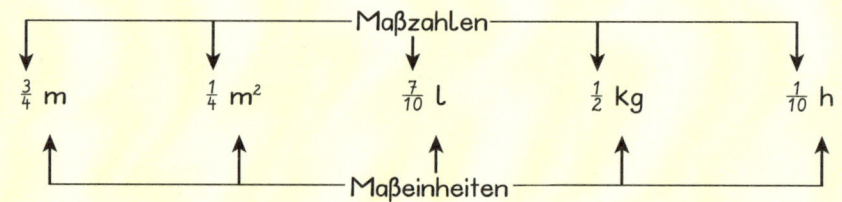

10 mm $\xrightarrow{\quad:\quad}$ _____ $\xrightarrow{\quad\cdot\quad}$ _____ mm

b) $\frac{7}{10}$ cm = _____ mm

10 mm $\longrightarrow$ _____ $\longrightarrow$ _____ mm

c) $\frac{3}{10}$ m = _____ cm

100 cm $\longrightarrow$ _____ $\longrightarrow$ _____ cm

d) $\frac{4}{20}$ m = _____ cm

100 cm $\longrightarrow$ _____ $\longrightarrow$ _____ cm

e) $\frac{3}{4}$ km = _____ m

1 000 m $\longrightarrow$ _____ $\longrightarrow$ _____ m

f) $\frac{4}{10}$ km = _____ m

1 000 m $\longrightarrow$ _____ $\longrightarrow$ _____ m

1. Gib die Länge der blauen Strecke mithilfe eines Bruches an.

a)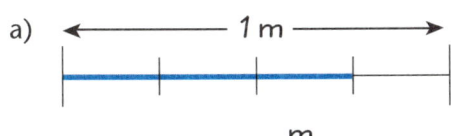

_____ m

b)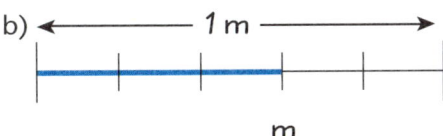

_____ m

c)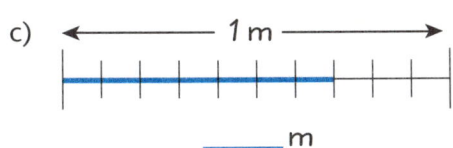

_____ m

d)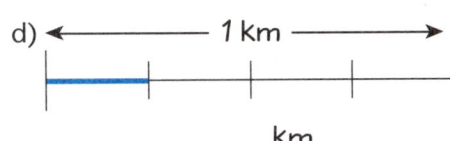

_____ km

e)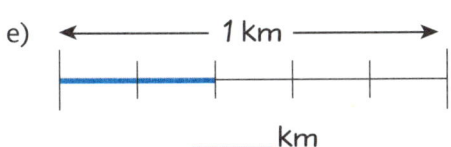

_____ km

f)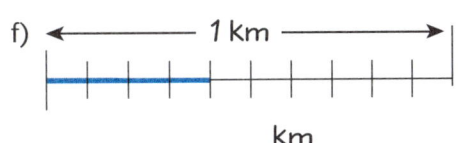

_____ km

2. Gib als Bruchteil an.

a) 50 cm = _____ m   b) 20 cm = _____ m   c) 25 cm = _____ m

d) 500 m = _____ km   e) 250 m = _____ km   f) 200 m = _____ km

3. Berechne die Flächeninhaltsangabe wie im Beispiel.
Beachte: $1 \text{ cm}^2 = 100 \text{ mm}^2$; $1 \text{ dm}^2 = 100 \text{ cm}^2$; $1 \text{ m}^2 = 100 \text{ dm}^2$;
$1 \text{ a} = 100 \text{ m}^2$

$$\frac{3}{10} \text{ cm}^2 = 30 \text{ mm}^2$$
$$100 \text{ mm}^2 \xrightarrow{\ :10\ } 10 \text{ mm}^2 \xrightarrow{\ \cdot 3\ } 30 \text{ mm}^2$$

a) $\frac{1}{5}$ cm² = _____ mm²

100 mm² $\xrightarrow{\ :\ }$ ___ $\xrightarrow{\ \cdot\ }$ ___ mm²

b) $\frac{4}{5}$ cm² = _____ mm²

100 mm² $\xrightarrow{\ :\ }$ ___ $\xrightarrow{\ \cdot\ }$ ___ mm²

c) $\frac{1}{20}$ m² = _____ dm²

100 dm² $\xrightarrow{\ :\ }$ ___ $\xrightarrow{\ \cdot\ }$ ___ dm²

d) $\frac{7}{20}$ m² = _____ dm²

100 dm² $\xrightarrow{\ :\ }$ ___ $\xrightarrow{\ \cdot\ }$ ___ dm²

e) $\frac{1}{4}$ a = _____ m²

100 m² $\xrightarrow{\ :\ }$ ___ $\xrightarrow{\ \cdot\ }$ ___ m²

f) $\frac{3}{4}$ a = _____ m²

100 m² $\xrightarrow{\ :\ }$ ___ $\xrightarrow{\ \cdot\ }$ ___ m²

1. Die Quadrate sollen 1 m² große Flächen darstellen. Färbe die angegebene Fläche in deiner Lieblingsfarbe.

a) $\frac{1}{2}$ m²

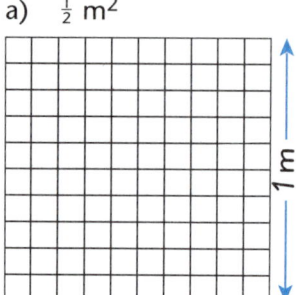

b) $\frac{4}{5}$ m²

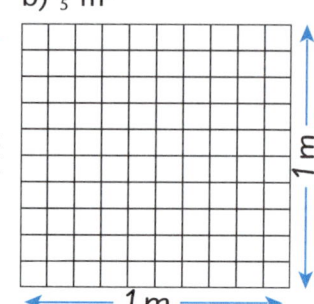

c) $\frac{7}{10}$ m²

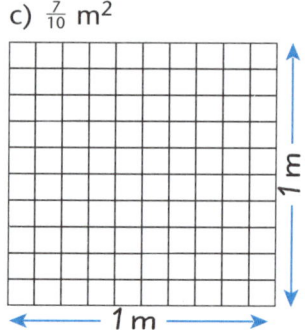

d) $\frac{3}{4}$ m²

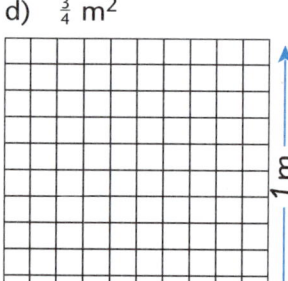

e) $\frac{11}{20}$ m²

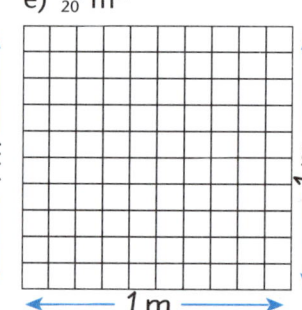

f) $\frac{50}{100}$ m²

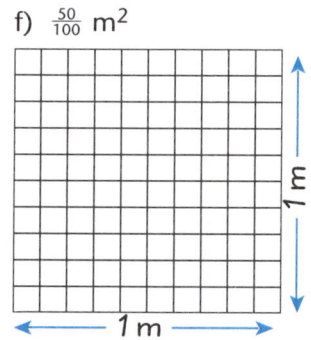

2. Gib den Flächeninhalt der blauen und der weißen Fläche mithilfe eines Bruches in m² an. Schreibe wie im Beispiel.

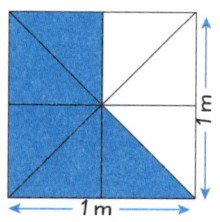

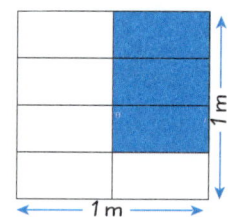

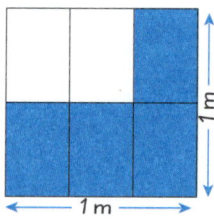

a) $\frac{5}{8}$ m² + $\frac{3}{8}$ m² = 1 m²

b) _____

c) _____

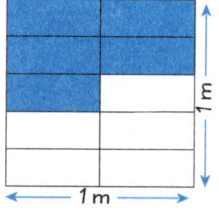

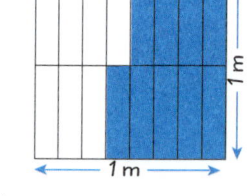

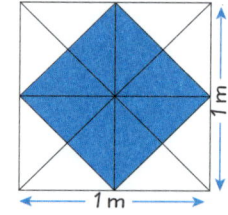

d) _____

e) _____

f) _____

1. Gib als Bruchteil an.

a) $50 \text{ mm}^2 = \underline{\hspace{1cm}} \text{ cm}^2$ b) $75 \text{ mm}^2 = \underline{\hspace{1cm}} \text{ cm}^2$ c) $20 \text{ mm}^2 = \underline{\hspace{1cm}} \text{ cm}^2$

d) $25 \text{ cm}^2 = \underline{\hspace{1cm}} \text{ dm}^2$ e) $60 \text{ cm}^2 = \underline{\hspace{1cm}} \text{ dm}^2$ f) $80 \text{ cm}^2 = \underline{\hspace{1cm}} \text{ dm}^2$

2. Berechne die Rauminhaltsangabe wie im Beispiel.
Beachte: $1 \text{ L} = 1\,000 \text{ ml}$.

$$\frac{3}{8} \text{ L} = 375 \text{ ml}$$
$$1\,000 \text{ ml} \xrightarrow{:8} 125 \text{ ml} \xrightarrow{\cdot 3} 375 \text{ ml}$$

a) $\frac{2}{8} \text{ L} = \underline{\hspace{1.5cm}} \text{ ml}$ b) $\frac{7}{10} \text{ L} = \underline{\hspace{1.5cm}} \text{ ml}$

$1\,000 \text{ ml} \xrightarrow{:} \underline{\hspace{1cm}} \xrightarrow{\cdot} \underline{\hspace{1cm}} \text{ ml}$ $1\,000 \text{ ml} \xrightarrow{:} \underline{\hspace{1cm}} \xrightarrow{\cdot} \underline{\hspace{1cm}} \text{ ml}$

c) $\frac{4}{5} \text{ L} = \underline{\hspace{1.5cm}} \text{ ml}$ d) $\frac{3}{20} \text{ L} = \underline{\hspace{1.5cm}} \text{ ml}$

$1\,000 \text{ ml} \xrightarrow{:} \underline{\hspace{1cm}} \xrightarrow{\cdot} \underline{\hspace{1cm}} \text{ ml}$ $1\,000 \text{ ml} \xrightarrow{:} \underline{\hspace{1cm}} \xrightarrow{\cdot} \underline{\hspace{1cm}} \text{ ml}$

3. Gib den Inhalt des Messbechers mithilfe eines Bruches in L an.

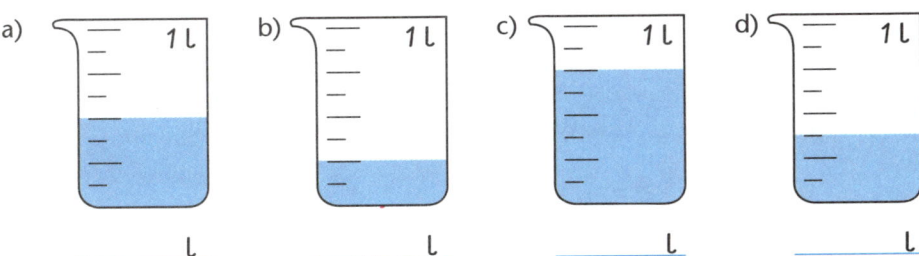

a) $\underline{\hspace{2cm}}$ L   b) $\underline{\hspace{2cm}}$ L   c) $\underline{\hspace{2cm}}$ L   d) $\underline{\hspace{2cm}}$ L

4. Gib als Bruchteil an.

a) $100 \text{ ml} = \underline{\hspace{1.5cm}} \text{ L}$ b) $50 \text{ ml} = \underline{\hspace{1.5cm}} \text{ L}$ c) $250 \text{ ml} = \underline{\hspace{1.5cm}} \text{ L}$

d) $150 \text{ ml} = \underline{\hspace{1.5cm}} \text{ L}$ e) $600 \text{ ml} = \underline{\hspace{1.5cm}} \text{ L}$ f) $900 \text{ ml} = \underline{\hspace{1.5cm}} \text{ L}$

1. Berechne die Gewichtsangabe wie im Beispiel. Beachte: 1 kg = 1 000 g.

$$\frac{5}{8} \text{ kg} = 625 \text{ g}$$
$$1\,000 \text{ g} \xrightarrow{:8} 125 \text{ g} \xrightarrow{\cdot 5} 625 \text{ g}$$

a) $\frac{3}{4}$ kg = _____ g

b) $\frac{7}{10}$ kg = _____ g

c) $\frac{1}{8}$ kg = _____ g

d) $\frac{3}{5}$ kg = _____ g

e) $\frac{6}{8}$ kg = _____ g

f) $\frac{5}{50}$ kg = _____ g

2. Gib als Bruchteil von 1 kg an.

a) 500 g = _____ kg

b) 125 g = _____ kg

c) 400 g = _____ kg

d) 375 g = _____ kg

e) 700 g = _____ kg

f) 750 g = _____ kg

3. Berechne die Zeitspanne wie im Beispiel. Beachte: 1 min = 60 s.

$$\frac{3}{4} \text{ min} = 45 \text{ s}$$
$$60 \text{ s} \xrightarrow{:4} 15 \text{ s} \xrightarrow{\cdot 3} 45 \text{ s}$$

a) $\frac{3}{5}$ min = _____ s

b) $\frac{2}{10}$ min = _____ s

c) $\frac{1}{6}$ min = _____ s

d) $\frac{2}{3}$ min = _____ s

e) $\frac{8}{20}$ min = _____ s

f) $\frac{15}{20}$ min = _____ s

4. Gib die Zeitspanne in Minuten an. Beachte: 1 h = 60 min.

a) $\frac{1}{6}$ h = _____ min

b) $\frac{3}{5}$ h = _____ min

c) $\frac{4}{20}$ h = _____ min

5. Gib die Zeitspanne in Monaten an. Beachte: 1 Jahr (J) = 12 Monate (M).

a) $\frac{1}{12}$ J = _____ M

b) $\frac{1}{3}$ J = _____ M

c) $\frac{1}{4}$ J = _____ M

6. Gib als Bruchteil von der angegebenen Einheit an.

a) 15 s = _____ min

b) 30 s = _____ min

c) 10 s = _____ min

d) 45 min = _____ h

e) 50 min = _____ h

f) 6 min = _____ h

g) 3 M = _____ J

h) 9 M = _____ J

i) 10 M = _____ J

Brüche als Rechenbefehle

Ulla bekommt monatlich 40 € Taschengeld. $\frac{2}{5}$ davon spart sie. Wie viel € sind das?

Lösung:

Du musst $\frac{2}{5}$ von 40 € berechnen. Der Rechenbefehl $\frac{2}{5}$ von 40 €
bedeutet: Dividiere 40 € durch 5 und multipliziere dann das Ergebnis mit 2.

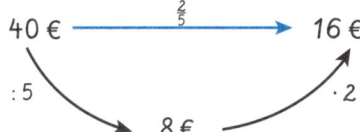

40 € $\xrightarrow{\frac{2}{5}}$ 16 €

: 5   · 2

8 €

Antwort: Ulla spart monatlich 16 €.

UNBEDINGT MERKEN!

Brüche werden auch als Rechenbefehle benutzt. Man nennt einen solchen Rechenbefehl **Bruchoperator**. Der Nenner gibt den Durch-Operator an, der Zähler den Mal-Operator.

40 € $\xrightarrow{\frac{2}{5}}$ 16 €

Wir lesen: $\frac{2}{5}$ von 40 € ergibt 16 €.

1. Berechne den Anteil.

a) $\frac{3}{8}$ von 56 € = _____ €

56 € $\xrightarrow{\frac{3}{8}}$ _____ €

: 8   · 3

_____ €

b) $\frac{5}{9}$ von 45 € = _____ €

45 € $\xrightarrow{\frac{5}{9}}$ _____ €

: 9   · 5

_____ €

c) $\frac{3}{5}$ von 130 € = _____ €

130 € $\longrightarrow$ _____ €

___   ___

_____ €

d) $\frac{4}{15}$ von 150 € = _____ €

150 € $\longrightarrow$ _____ €

___   ___

_____ €

e) $\frac{3}{7}$ von 280 € = _____ €

280 € $\longrightarrow$ _____ €

___   ___

_____ €

f) $\frac{5}{6}$ von 420 € = _____ €

420 € $\longrightarrow$ _____ €

___   ___

_____ €

TIPPS + HILFEN!

Beim Rechnen mit einem Bruchoperator ist es gleichgültig, ob du zuerst dividierst und dann multiplizierst oder umgekehrt erst multiplizierst und dann dividierst.

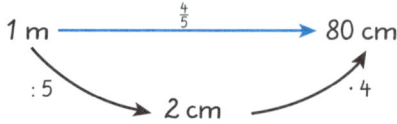 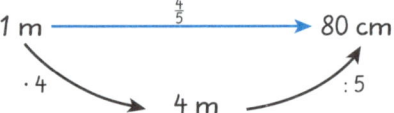

1. Fülle die Lücken aus. Überlege, ob du zuerst dividierst und dann multiplizierst oder umgekehrt.

a) $\frac{3}{5}$ von 45 € = _____ €

45 € ⟶ _____ €

_____ ⟶ _____ ⟶ _____

b) $\frac{5}{6}$ von 36 min = _____ min

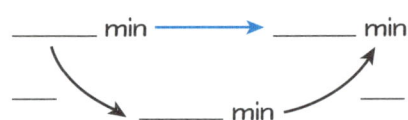

c) $\frac{4}{7}$ von 63 t = _____ t

63 t ⟶ _____ t

_____ ⟶ _____ t ⟶ _____

d) $\frac{4}{9}$ von 180 km = _____ km

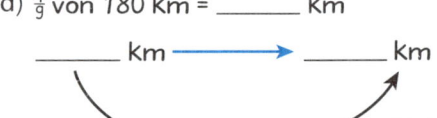

Tobias will sich ein Fahrrad kaufen. Er hat schon 180 € gespart. Das sind $\frac{2}{3}$ des Kaufpreises. Wie viel € kostet das Fahrrad?

Lösung:

Du weißt, dass $\frac{2}{3}$ von x € = 180 € sind. Mit dem Bruchoperator kannst du das so schreiben:

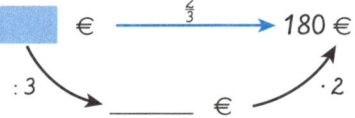

Den Kaufpreis kannst du nun durch Rückwärtsrechnen bestimmen:

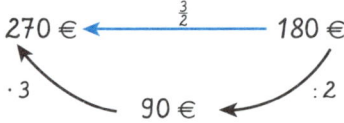

UNBEDINGT MERKEN!

Der Bruchoperator $\frac{3}{2}$ von macht rückgängig, was der Bruchoperator $\frac{2}{3}$ von bewirkt hat. Man nennt $\frac{3}{2}$ von den Gegenoperator zu $\frac{2}{3}$ von. Den Gegenoperator erhältst du, indem du Zähler und Nenner vertauschst.

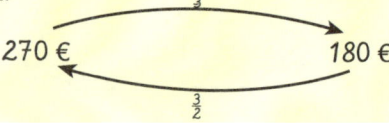

1. Berechne das Ganze mithilfe des Gegenoperators.

a) $\frac{2}{3}$ des ganzen Geldes sind 66 €.   b) $\frac{1}{5}$ des ganzen Gewichts ist 4 kg.

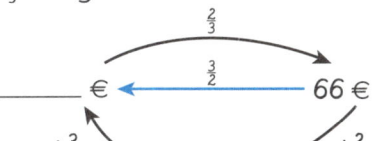 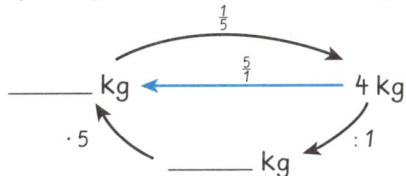

c) $\frac{4}{5}$ des ganzen Weges sind 12 km.   d) $\frac{5}{8}$ der ganzen Fläche sind 25 m².

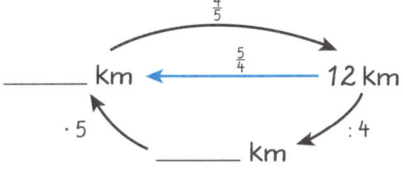 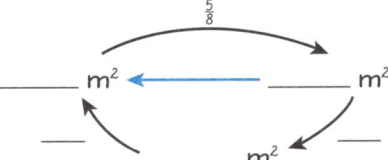

e) $\frac{7}{12}$ der ganzen Zeit sind 35 min.   f) $\frac{6}{10}$ des ganzen Volumens sind 36 l.

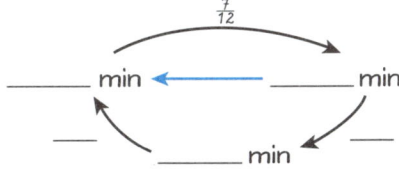 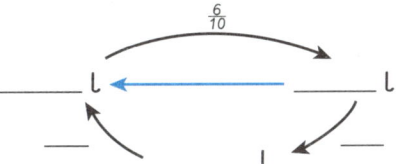

g) $\frac{3}{10}$ der ganzen Höhe sind 93 m.   h) $\frac{9}{14}$ der ganzen Breite sind 81 cm.

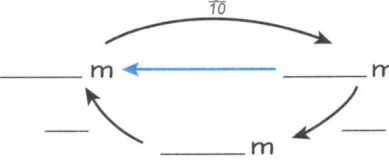 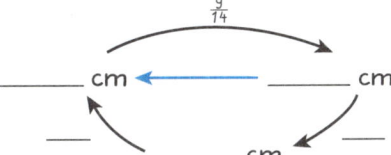

Uwe bekommt jede Woche 10 € Taschengeld. Davon spart er 4 €.
Welchen Bruchteil des Taschengeldes spart er?

Lösung:
Du musst den Bruchteil (Bruchoperator) berechnen. 1 € ist $\frac{1}{10}$ des Taschengeldes. 4 € sind dann viermal so viel, also $\frac{4}{10}$ des Taschengeldes.

 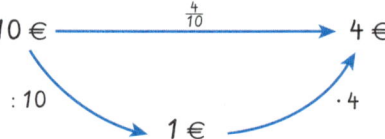

Antwort: Uwe spart $\frac{4}{10}$ seines Taschengeldes.

UNBEDINGT MERKEN!

Den Bruchoperator kannst du mithilfe einer passenden Zwischengröße leicht berechnen. Bei vielen Aufgaben gibt es mehrere passende Zwischengrößen und
daher auch mehrere Bruchoperatoren, die das Gleiche bewirken.

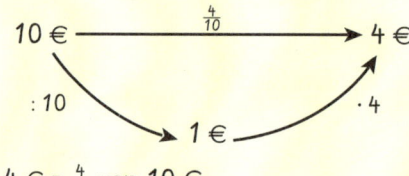 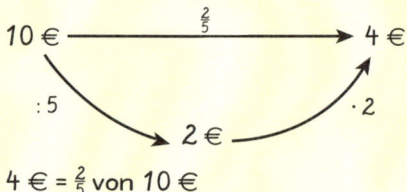

1. Berechne den Bruchteil (Bruchoperator).

a)

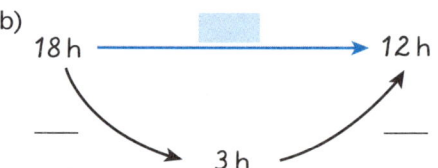

b)

2. Berechne. Suche zuerst eine passende Zwischengröße.

a)

b)

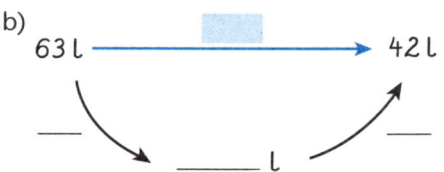

c)

d)

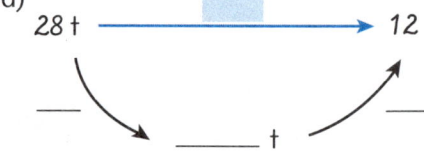

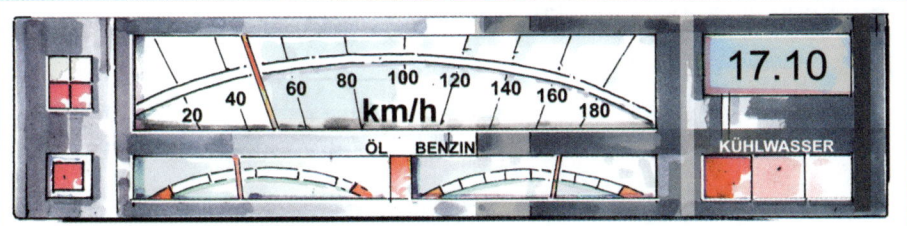

Auf der Kraftstoffvorratsanzeige liest Frau Krug ab, wie viele Liter Benzin noch im Tank sind. Der Tank in ihrem Pkw fasst 80 Liter.

Lösung: Die Skala der Kraftstoffvorratsanzeige ist in 8 Abschnitte eingeteilt. Jedem Strich kann ein Bruch zugeordnet werden.

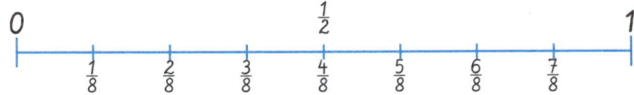

Der Zeiger steht auf $\frac{6}{8}$. Du musst also $\frac{6}{8}$ von 80 Liter berechnen.

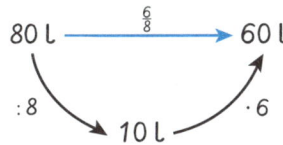

Antwort: 60 Liter sind noch im Tank.

UNBEDINGT MERKEN!

Wie jede natürliche Zahl (0, 1, 2, 3, ...) so kann auch jeder Bruch ($\frac{1}{4}$, $\frac{1}{2}$, $\frac{4}{8}$, ...) durch einen Punkt auf dem Zahlenstrahl festgelegt werden. Zu einem Punkt auf dem Zahlenstrahl gehören verschiedene Brüche. Zum Beispiel gehören $\frac{1}{2}$ und $\frac{4}{8}$ zu demselben Punkt.

1. Markiere mit einem Strich auf dem ersten Zahlenstrahl $\frac{1}{2}$, $\frac{2}{2}$, $\frac{3}{2}$, auf dem zweiten Zahlenstrahl $\frac{1}{4}$, $\frac{2}{4}$, $\frac{3}{4}$, $\frac{4}{4}$, $1\frac{1}{4}$, $1\frac{2}{4}$ und auf dem dritten Zahlenstrahl $\frac{1}{8}$, $\frac{2}{8}$, $\frac{3}{8}$, $\frac{4}{8}$, $\frac{5}{8}$, $\frac{6}{8}$, $\frac{7}{8}$, $\frac{8}{8}$, $1\frac{1}{8}$, $1\frac{2}{8}$, $1\frac{3}{8}$, $1\frac{4}{8}$.

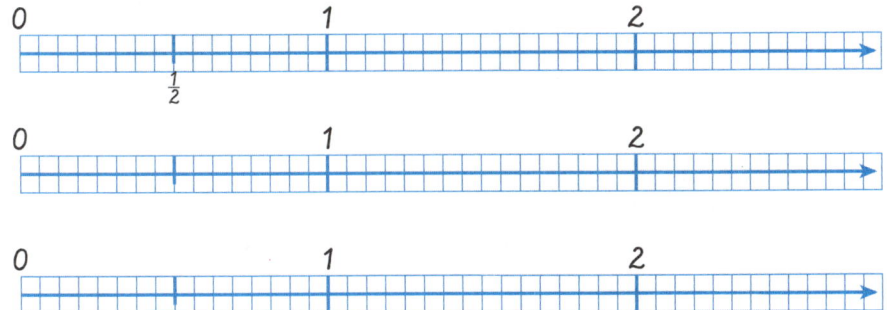

1. Trage die Punkte auf dem Zahlenstrahl ein für:

a) $\frac{1}{20}, \frac{1}{10}, \frac{1}{5}, \frac{1}{4}, \frac{1}{2}, \frac{3}{4}, \frac{13}{20}, \frac{13}{10}, \frac{9}{5}$

b) $\frac{1}{5}, \frac{3}{5}, \frac{5}{5}, 1\frac{2}{5}, 1\frac{4}{5}, 2\frac{1}{5}$

UNBEDINGT MERKEN!

Brüche, deren Zähler kleiner als der Nenner ist, liegen zwischen 0 und 1 und heißen **echte Brüche**. Brüche, deren Zähler größer als der Nenner ist, liegen rechts von 1 und heißen **unechte Brüche**.

2. Auf welchem Zahlenstrahl sind die Punkte für:

a) $\frac{1}{6}, \frac{2}{6}, \frac{3}{6}, \ldots$ b) $\frac{1}{4}, \frac{2}{4}, \frac{3}{4} \ldots$ c) $\frac{1}{5}, \frac{2}{5}, \frac{3}{5} \ldots$ d) $\frac{1}{9}, \frac{2}{9}, \frac{3}{9} \ldots$

Brüche erweitern und kürzen

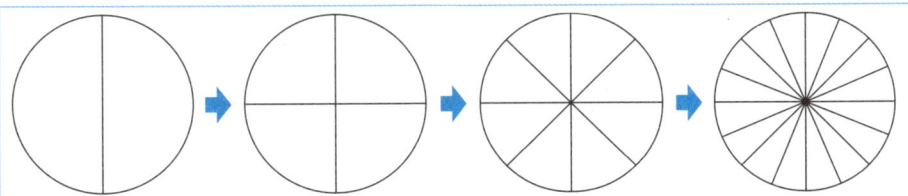

Die Abbildungen zeigen, wie Benjamin eine Obsttorte in gleich große Stücke schneidet. Wie viele Stücke hat er aus der viertel (halben, dreiviertel) Torte bekommen?

Lösung:
Die ganze Torte hat er in 16 gleich große Stücke aufgeschnitten:
1 Torte = $\frac{16}{16}$ Stücke. Dann sind: $\frac{1}{4}$ Torte = $\frac{4}{16}$ Stücke, $\frac{1}{2}$ Torte = $\frac{8}{16}$ Stücke,
$\frac{3}{4}$ Torte = $\frac{12}{16}$ Stücke.

Antwort: Aus der viertel Torte hat er 4 Stücke, aus der halben Torte
8 Stücke und aus der dreiviertel Torte 12 Stücke bekommen.

UNBEDINGT MERKEN!
Derselbe Anteil kann durch verschiedene Brüche angegeben werden. Man sagt auch: Die Brüche $\frac{1}{4}$ und $\frac{4}{16}$ oder $\frac{1}{2}$ und $\frac{8}{16}$ oder $\frac{3}{4}$ und $\frac{12}{16}$ haben denselben Wert.
Wir können daher schreiben: $\frac{1}{4} = \frac{4}{16}$ oder $\frac{1}{2} = \frac{8}{16}$ oder $\frac{3}{4} = \frac{12}{16}$.

Werden Zähler und Nenner mit derselben Zahl multipliziert, dann heißt dieser Vorgang **Erweitern.**

$\frac{1}{4} = \frac{1 \cdot 4}{4 \cdot 4} = \frac{4}{16}$ $\frac{1}{2} = \frac{1 \cdot 8}{2 \cdot 8} = \frac{8}{16}$ $\frac{3}{4} = \frac{3 \cdot 4}{4 \cdot 4} = \frac{12}{16}$

1.   Erweitere den Bruch mit der angegebenen Zahl. Rechne wie im Beispiel.

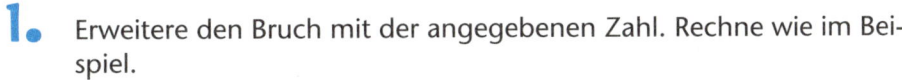

Aufgabe: $\frac{2}{3}$ mit 6 erweitern.   Kopfrechnen: $\frac{2}{3} = \frac{2 \cdot 6}{3 \cdot 6} = \frac{12}{18}$ $\frac{2}{3} = \frac{12}{18}$

a) mit 3

$\frac{3}{5} =$ _____

$\frac{3}{4} =$ _____

$\frac{5}{25} =$ _____

b) mit 4

$\frac{2}{7} =$ _____

$\frac{5}{8} =$ _____

$\frac{6}{20} =$ _____

c) mit 7

$\frac{4}{6} =$ _____

$\frac{5}{9} =$ _____

$\frac{12}{15} =$ _____

d) mit 9

$\frac{6}{7} =$ _____

$\frac{7}{12} =$ _____

$\frac{10}{11} =$ _____

1. Bestimme die Erweiterungszahl. Schreibe so: $\frac{3}{4} \overset{2}{=} \frac{6}{8}$

a) $\frac{2}{3} = \frac{8}{12}$

$\frac{3}{7} = \frac{9}{21}$

$\frac{6}{9} = \frac{30}{45}$

b) $\frac{5}{8} = \frac{30}{48}$

$\frac{4}{9} = \frac{24}{54}$

$\frac{2}{5} = \frac{16}{40}$

c) $\frac{5}{9} = \frac{45}{81}$

$\frac{4}{7} = \frac{36}{63}$

$\frac{7}{8} = \frac{21}{24}$

d) $\frac{7}{12} = \frac{84}{144}$

$\frac{4}{15} = \frac{32}{120}$

$\frac{5}{14} = \frac{40}{112}$

UNBEDINGT MERKEN!

Wenn du einen Bruch erweitern sollst und der neue Nenner ist vorgegeben, dann erhältst du die Erweiterungszahl, indem du den neuen Nenner durch den ursprünglichen Nenner dividierst.

Aufgabe: $\frac{3}{8}$ so erweitern, dass der Nenner 72 ist.

Kopfrechnen: $72 : 8 = 9$ $\qquad \frac{3}{8} = \frac{3 \cdot 9}{8 \cdot 9} = \frac{27}{72} \qquad \frac{3}{8} = \frac{27}{72}$

2. Erweitere so, dass der Nenner 72 ist.

a) $\frac{5}{9} =$ _____

$\frac{7}{8} =$ _____

$\frac{5}{12} =$ _____

$\frac{7}{18} =$ _____

b) $\frac{23}{36} =$ _____

$\frac{1}{2} =$ _____

$\frac{10}{24} =$ _____

$\frac{5}{6} =$ _____

c) $\frac{5}{18} =$ _____

$\frac{3}{4} =$ _____

$\frac{5}{8} =$ _____

$\frac{7}{12} =$ _____

d) $\frac{5}{24} =$ _____

$\frac{3}{8} =$ _____

$\frac{19}{36} =$ _____

$\frac{2}{3} =$ _____

UNBEDINGT MERKEN!

Wenn du einen Bruch erweitern sollst und der neue Zähler ist vorgegeben, dann erhältst du die Erweiterungszahl, indem du den neuen Zähler durch den ursprünglichen Zähler dividierst.

Aufgabe: $\frac{4}{5}$ so erweitern, dass der Zähler 16 ist.

Kopfrechnen: $16 : 4 = 4$ $\qquad \frac{4}{5} = \frac{4 \cdot 4}{5 \cdot 4} = \frac{16}{20} \qquad \frac{4}{5} = \frac{16}{20}$

3. Erweitere so, dass der Zähler 36 ist.

a) $\frac{4}{7} =$ _____

$\frac{6}{11} =$ _____

$\frac{3}{7} =$ _____

$\frac{2}{9} =$ _____

b) $\frac{9}{12} =$ _____

$\frac{12}{15} =$ _____

$\frac{9}{10} =$ _____

$\frac{18}{23} =$ _____

c) $\frac{18}{20} =$ _____

$\frac{2}{5} =$ _____

$\frac{2}{3} =$ _____

$\frac{4}{15} =$ _____

d) $\frac{1}{3} =$ _____

$\frac{12}{17} =$ _____

$\frac{9}{13} =$ _____

$\frac{6}{21} =$ _____

1. Erweitere so, dass der Nenner 10 ist.

a) $\frac{2}{5}$ = _____

b) $\frac{1}{5}$ = _____

c) $\frac{1}{2}$ = _____

d) $\frac{3}{5}$ = _____

2. Erweitere so, dass der Nenner 100 ist.

a) $\frac{1}{5}$ = _____

$\frac{1}{2}$ = _____

$\frac{1}{4}$ = _____

b) $\frac{3}{5}$ = _____

$\frac{3}{4}$ = _____

$\frac{4}{5}$ = _____

c) $\frac{3}{20}$ = _____

$\frac{4}{25}$ = _____

$\frac{3}{10}$ = _____

d) $\frac{2}{4}$ = _____

$\frac{6}{25}$ = _____

$\frac{23}{50}$ = _____

3. Erweitere so, dass der Nenner 1 000 ist.

a) $\frac{9}{100}$ = _____

$\frac{15}{200}$ = _____

$\frac{12}{250}$ = _____

b) $\frac{6}{50}$ = _____

$\frac{3}{10}$ = _____

$\frac{4}{25}$ = _____

c) $\frac{1}{2}$ = _____

$\frac{3}{4}$ = _____

$\frac{2}{5}$ = _____

d) $\frac{9}{125}$ = _____

$\frac{11}{500}$ = _____

$\frac{90}{125}$ = _____

4. Rechne um wie im Beispiel.

$\frac{2}{25}$ m = $\frac{8}{100}$ m = 8 cm	$\frac{1}{4}$ km = $\frac{250}{1000}$ km = 250 m

a) $\frac{3}{10}$ m = _____

$\frac{7}{20}$ m = _____

$\frac{17}{50}$ m = _____

b) $\frac{1}{2}$ m = _____

$\frac{3}{4}$ m = _____

$\frac{2}{5}$ m = _____

c) $\frac{3}{10}$ km = _____

$\frac{2}{5}$ km = _____

$\frac{1}{8}$ km = _____

d) $\frac{3}{4}$ km = _____

$\frac{9}{20}$ km = _____

$\frac{1}{2}$ km = _____

1. Die Hälfte der Fläche ist immer blau gefärbt. Gib diesen Anteil mit verschiedenen Brüchen an.

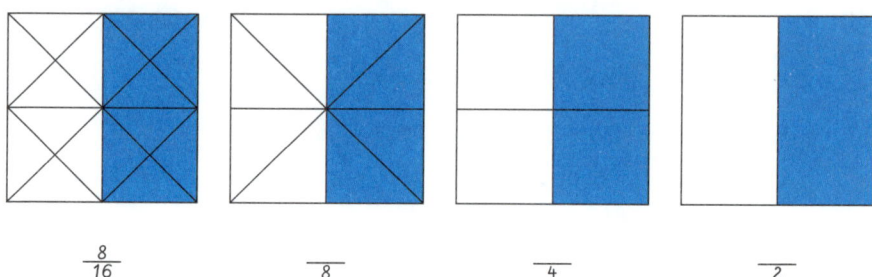

$$\frac{8}{16}$$ $$\frac{}{8}$$ $$\frac{}{4}$$ $$\frac{}{2}$$

UNBEDINGT MERKEN!

Werden Zähler und Nenner durch dieselbe Zahl dividiert, dann heißt dieser Vorgang **Kürzen**.

$$\frac{8}{16} = \frac{8:2}{16:2} = \frac{4}{8} \qquad \frac{8}{16} = \frac{8:4}{16:4} = \frac{2}{4} \qquad \frac{8}{16} = \frac{8:8}{16:8} = \frac{1}{2}$$

2. Kürze den Bruch mit der angegebenen Kürzungszahl.

> Aufgabe: $\frac{6}{8}$ mit 2 kürzen.   Kopfrechnen: $\frac{6}{8} = \frac{6:2}{8:2} = \frac{3}{4}$ $\frac{6}{8} = \frac{3}{4}$

a) mit 2

$$\frac{4}{10} = \underline{\hspace{2cm}}$$

$$\frac{8}{18} = \underline{\hspace{2cm}}$$

$$\frac{14}{22} = \underline{\hspace{2cm}}$$

b) mit 3

$$\frac{3}{27} = \underline{\hspace{2cm}}$$

$$\frac{9}{33} = \underline{\hspace{2cm}}$$

$$\frac{30}{39} = \underline{\hspace{2cm}}$$

c) mit 8

$$\frac{24}{40} = \underline{\hspace{2cm}}$$

$$\frac{56}{64} = \underline{\hspace{2cm}}$$

$$\frac{72}{88} = \underline{\hspace{2cm}}$$

d) mit 12

$$\frac{36}{48} = \underline{\hspace{2cm}}$$

$$\frac{60}{96} = \underline{\hspace{2cm}}$$

$$\frac{84}{120} = \underline{\hspace{2cm}}$$

TIPPS + HILFEN!

Das Kürzen fällt dir bestimmt leichter, wenn du dir die Teilbarkeitsregeln einprägst:

Eine Zahl ist durch 2 teilbar, wenn ihre letzte Ziffer 0, 2, 4, 6 oder 8 ist.

Eine Zahl ist durch 5 teilbar, wenn ihre letzte Ziffer 0 oder 5 ist.

Eine Zahl ist durch 10 teilbar, wenn ihre letzte Ziffer 0 ist.

Eine Zahl ist durch 3 teilbar, wenn ihre Quersumme durch 3 teilbar ist.

Eine Zahl ist durch 9 teilbar, wenn ihre Quersumme durch 9 teilbar ist.

Eine Zahl ist durch 4 teilbar, wenn ihre letzten Ziffern 00 sind oder durch 4 teilbar sind.

Eine Zahl ist durch 8 teilbar, wenn ihre letzten Ziffern 000 sind oder durch 8 teilbar sind.

1. Bestimme die Kürzungszahl. Schreibe so: $\frac{21}{56} \overset{7}{=} \frac{3}{8}$

a) $\frac{15}{20} = \boxed{} \frac{3}{4}$

$\frac{24}{40} = \boxed{} \frac{3}{5}$

b) $\frac{18}{30} = \boxed{} \frac{3}{5}$

$\frac{16}{20} = \boxed{} \frac{4}{5}$

c) $\frac{32}{36} = \boxed{} \frac{8}{9}$

$\frac{35}{56} = \boxed{} \frac{5}{8}$

d) $\frac{22}{36} = \boxed{} \frac{11}{18}$

$\frac{27}{99} = \boxed{} \frac{3}{11}$

2. Kürze schrittweise, bis der Bruch vollständig gekürzt ist. Rechne so:

$\frac{42}{90} \overset{2}{=} \frac{21}{45} \overset{3}{=} \frac{7}{15}$

a) $\frac{20}{56} = $ _____

$\frac{36}{90} = $ _____

$\frac{60}{80} = $ _____

b) $\frac{75}{125} = $ _____

$\frac{90}{150} = $ _____

$\frac{24}{120} = $ _____

3. Fülle die Lücken aus. Gib auch die Kürzungszahl an.

a) $\frac{28}{49} = \boxed{} \frac{}{7}$

$\frac{10}{35} = \boxed{} \frac{2}{}$

b) $\frac{90}{96} = \boxed{} \frac{15}{}$

$\frac{40}{75} = \boxed{} \frac{}{15}$

c) $\frac{8}{12} = \boxed{} \frac{}{3}$

$\frac{25}{50} = \boxed{} \frac{}{10}$

d) $\frac{10}{30} = \boxed{} \frac{5}{}$

$\frac{40}{80} = \boxed{} \frac{}{10}$

4. Verbinde gleiche Bruchzahlen.

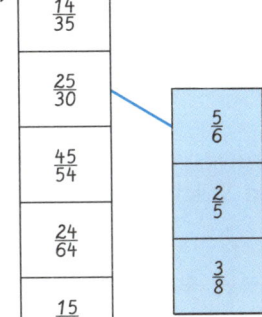

a)

| $\frac{6}{18}$ |
| $\frac{6}{8}$ |
| $\frac{6}{12}$ |
| $\frac{5}{15}$ |
| $\frac{12}{24}$ |
| $\frac{15}{20}$ |

| $\frac{1}{3}$ |
| $\frac{1}{2}$ |
| $\frac{3}{4}$ |

| $\frac{8}{16}$ |
| $\frac{3}{9}$ |
| $\frac{21}{28}$ |
| $\frac{7}{21}$ |
| $\frac{9}{12}$ |
| $\frac{11}{22}$ |

b)

| $\frac{14}{35}$ |
| $\frac{25}{30}$ |
| $\frac{45}{54}$ |
| $\frac{24}{64}$ |
| $\frac{15}{40}$ |
| $\frac{18}{45}$ |

| $\frac{5}{6}$ |
| $\frac{2}{5}$ |
| $\frac{3}{8}$ |

| $\frac{20}{24}$ |
| $\frac{12}{32}$ |
| $\frac{16}{40}$ |
| $\frac{30}{36}$ |
| $\frac{12}{30}$ |
| $\frac{18}{48}$ |

Brüche ordnen

Benjamin und Alexander bekommen Schokolade geschenkt. Jeder bekommt eine Tafel. Am ersten Tag bleiben von Benjamins Tafel $\frac{9}{18}$ übrig, von Alexanders Tafel $\frac{6}{18}$. Von wessen Schokolade bleibt weniger, von wessen mehr übrig?

Benjamins Tafel	Alexanders Tafel

Lösung:
Du musst die übrig gebliebenen Anteile nach der Größe vergleichen. Beide Tafeln sind in 18 gleich große Stücke aufgeteilt. Von Benjamins Tafel sind 9 Stück übrig, von Alexanders Tafel nur 6 Stück. Also bleibt von Alexanders Tafel weniger und von Benjamins Tafel mehr übrig:

$\frac{6}{18} < \frac{9}{18}$ oder $\frac{9}{18} > \frac{6}{18}$.

UNBEDINGT MERKEN!
Von zwei gleichnamigen Brüchen (Brüchen mit gleichen Nennern) ist derjenige kleiner, der den kleineren Zähler hat.

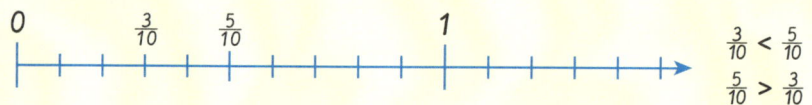

1. Markiere $\frac{3}{10}$, $\frac{5}{10}$, $\frac{7}{10}$, $\frac{6}{10}$, $\frac{10}{10}$ und $\frac{12}{10}$ auf dem Zahlenstrahl mit einem farbigen Strich. Setze dann das passende Zeichen (< oder >) ein.

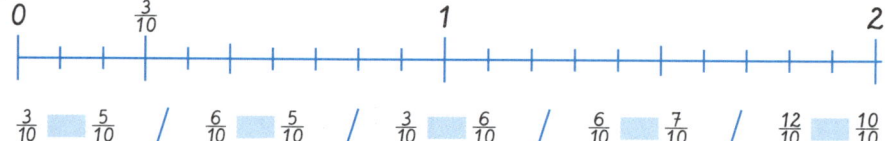

$\frac{3}{10}$ ☐ $\frac{5}{10}$ / $\frac{6}{10}$ ☐ $\frac{5}{10}$ / $\frac{3}{10}$ ☐ $\frac{6}{10}$ / $\frac{6}{10}$ ☐ $\frac{7}{10}$ / $\frac{12}{10}$ ☐ $\frac{10}{10}$

2. Setze das passende Zeichen (< oder >) ein.

a) $\frac{3}{4}$ ☐ $\frac{1}{4}$ b) $\frac{2}{6}$ ☐ $\frac{5}{6}$ c) $\frac{5}{12}$ ☐ $\frac{7}{12}$ d) $\frac{3}{20}$ ☐ $\frac{11}{20}$

$1\frac{7}{9}$ ☐ $\frac{4}{9}$ $\frac{3}{5}$ ☐ $3\frac{4}{5}$ $6\frac{3}{4}$ ☐ $5\frac{1}{4}$ $2\frac{7}{8}$ ☐ $3\frac{1}{8}$

$\frac{3}{8}$ ☐ $2\frac{1}{8}$ $2\frac{2}{7}$ ☐ $\frac{5}{7}$ $2\frac{5}{6}$ ☐ $3\frac{5}{6}$ $7\frac{1}{5}$ ☐ $6\frac{4}{5}$

$1\frac{1}{15}$ ☐ $\frac{17}{15}$ $\frac{31}{32}$ ☐ $2\frac{2}{32}$ $7\frac{1}{8}$ ☐ $6\frac{7}{8}$ $11\frac{9}{12}$ ☐ $12\frac{11}{12}$

Susanne und Sabine bekommen jeden Sonntag ihr Taschengeld. Jede bekommt 12 €. Am Ende dieser Woche hat Susanne $\frac{2}{3}$ und Sabine $\frac{3}{4}$ ihres Taschengeldes ausgegeben. Wer hat weniger, wer mehr Geld ausgegeben?

Lösung:
Du musst die ausgegebenen Anteile nach der Größe miteinander vergleichen. Ist $\frac{2}{3}$ größer oder kleiner als $\frac{3}{4}$?

Du weißt, wie gleichnamige Brüche nach der Größe miteinander verglichen werden. Also musst du die Brüche 2/3 und 3/4 zuerst so erweitern, dass sie gleichnamig sind, und dann nach der Größe miteinander vergleichen.

$$\left. \begin{array}{l} \frac{2}{3} = \frac{8}{12} \\ \frac{3}{4} = \frac{9}{12} \end{array} \right\} \quad \frac{8}{12} < \frac{9}{12}, \text{also } \frac{2}{3} < \frac{3}{4}$$

Antwort: Sabine hat mehr, Susanne weniger Geld ausgegeben.

UNBEDINGT MERKEN!
Brüche mit verschiedenen Nennern kann man durch Erweitern oder durch Kürzen in Brüche mit gleichen Nennern umwandeln (gleichnamig machen) und dann wie gleichnamige Brüche nach der Größe miteinander vergleichen.

$$\left. \begin{array}{l} \frac{2}{3} = \frac{8}{12} \\ \frac{3}{4} = \frac{9}{12} \end{array} \right\} \quad \frac{8}{12} < \frac{9}{12}, \text{also } \frac{2}{3} < \frac{3}{4}$$

1. Setze das passende Zeichen (< oder >) ein. Erweitere zuerst die Brüche so, dass sie gleichnamig sind.

a) $\frac{6}{7} = $ _____
   $\frac{2}{3} = $ _____ $\Big\}$ _____ ⬜ _____ , also _____ ⬜ _____

b) $\frac{8}{9} = $ _____
   $\frac{7}{8} = $ _____ $\Big\}$ _____ ⬜ _____ , also _____ ⬜ _____

1. Setze das passende Zeichen (< oder >) ein. Kürze zuerst die Brüche so, dass sie gleichnamig sind. Rechne wie im Beispiel.

$$\left.\begin{array}{l}\frac{15}{9} = \frac{5}{3} \\ \frac{16}{12} = \frac{4}{3}\end{array}\right\} \quad \frac{5}{3} \quad > \quad \frac{4}{3} \text{ , also } \underline{\quad} \; \blacksquare \; \underline{\quad}$$

a) $\left.\begin{array}{l}\frac{35}{25} = \frac{}{5} \\ \frac{24}{15} = \frac{}{5}\end{array}\right\}$ $\underline{\quad} \; \blacksquare \; \underline{\quad}$, also $\underline{\quad} \; \blacksquare \; \underline{\quad}$

b) $\left.\begin{array}{l}\frac{10}{4} = \frac{}{2} \\ \frac{21}{14} = \frac{}{2}\end{array}\right\}$ $\underline{\quad} \; \blacksquare \; \underline{\quad}$, also $\underline{\quad} \; \blacksquare \; \underline{\quad}$

c) $\left.\begin{array}{l}\frac{15}{27} = \frac{}{9} \\ \frac{20}{45} = \frac{}{9}\end{array}\right\}$ $\underline{\quad} \; \blacksquare \; \underline{\quad}$, also $\underline{\quad} \; \blacksquare \; \underline{\quad}$

2. Vergleiche die Brüche nach der Größe. Wandle zuerst in die gemischte Schreibweise um. Rechne wie im Beispiel.

$\frac{20}{3}$; $\frac{22}{5}$	$6\frac{2}{3} > 4\frac{2}{5}$	$\frac{20}{3} > \frac{22}{5}$
a) $\frac{7}{4}$; $\frac{9}{2}$	$\underline{\quad} \; \blacksquare \; \underline{\quad}$	$\underline{\quad} \; \blacksquare \; \underline{\quad}$
b) $\frac{69}{9}$; $\frac{89}{11}$	$\underline{\quad} \; \blacksquare \; \underline{\quad}$	$\underline{\quad} \; \blacksquare \; \underline{\quad}$
c) $\frac{217}{30}$; $\frac{168}{40}$	$\underline{\quad} \; \blacksquare \; \underline{\quad}$	$\underline{\quad} \; \blacksquare \; \underline{\quad}$
d) $\frac{13}{8}$; $\frac{17}{4}$	$\underline{\quad} \; \blacksquare \; \underline{\quad}$	$\underline{\quad} \; \blacksquare \; \underline{\quad}$
e) $\frac{16}{5}$; $\frac{20}{4}$	$\underline{\quad} \; \blacksquare \; \underline{\quad}$	$\underline{\quad} \; \blacksquare \; \underline{\quad}$
f) $\frac{74}{12}$; $\frac{90}{15}$	$\underline{\quad} \; \blacksquare \; \underline{\quad}$	$\underline{\quad} \; \blacksquare \; \underline{\quad}$

ZUSAMMENFASSUNG!

Mit Brüchen bezeichnet man Teile von einem Ganzen. Ein Bruch besteht aus dem Zähler und dem Nenner.

1. Der Nenner gibt an, in wie viele gleich große Teile ein Ganzes zerlegt wird. Der Zähler gibt an, wie viele von diesen Teilen zusammengefasst werden.

$$\frac{3}{4}$$ ← Zähler
← Bruchstrich
← Nenner

2. Bei Brüchen kann der Zähler größer sein als der Nenner. Solche Brüche kann man auch in gemischter Schreibweise angeben: $\frac{4}{3} = 1\frac{1}{3}$.

3. Mit Brüchen kann man Größen angeben. Sie sind in den Größenangaben die Maßzahlen.

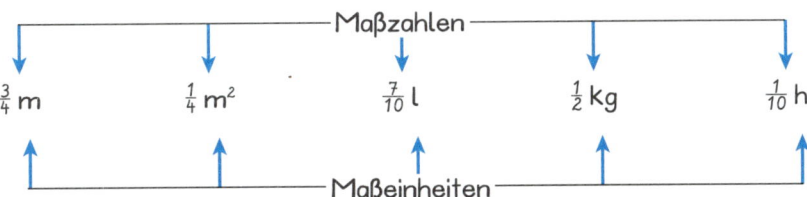

$$\frac{3}{4} \text{ m} \qquad \frac{1}{4} \text{ m}^2 \qquad \frac{7}{10} \text{ l} \qquad \frac{1}{2} \text{ kg} \qquad \frac{1}{10} \text{ h}$$

Maßzahlen / Maßeinheiten

4. Brüche werden auch als Rechenbefehle benutzt. Man nennt einen solchen Rechenbefehl Bruchoperator. Der Nenner gibt den Durch-Operator an, der Zähler den Mal-Operator. Mithilfe von Bruchoperatoren kannst du den Anteil von einem Ganzen, das Ganze und den Bruchteil (Bruchoperator) berechnen.

$$40 \text{€} \xrightarrow{\frac{2}{5}} 16 \text{€}$$

5. Wenn man einen Bruch erweitert oder kürzt, erhält man andere Brüche, die denselben Wert haben, das heißt gleich sind. Ein Bruch wird erweitert, indem man Zähler und Nenner mit derselben Zahl multipliziert. Ein Bruch wird gekürzt, indem man Zähler und Nenner durch dieselbe Zahl dividiert.

$$\frac{1}{2} = \frac{1 \cdot 2}{2 \cdot 2} = \frac{2}{4} \qquad \frac{1}{2} = \frac{1 \cdot 3}{2 \cdot 3} = \frac{3}{6} \qquad \frac{1}{2} = \frac{2}{4} = \frac{3}{6} = \ldots$$

$$\frac{4}{8} = \frac{4 : 2}{8 : 2} = \frac{2}{4} \qquad \frac{4}{8} = \frac{4 : 4}{8 : 4} = \frac{1}{2} \qquad \frac{4}{8} = \frac{2}{4} = \frac{1}{2}$$

6. Von zwei gleichnamigen Brüchen ist derjenige kleiner, der den kleineren Zähler hat. Ungleichnamige Brüche macht man vor dem Größenvergleich gleichnamig. $\quad \frac{3}{10} < \frac{5}{10} \qquad \frac{5}{10} > \frac{3}{10}$

Test

• Fülle die Lücken aus.

Bruch-schreibweise	$\frac{11}{4}$	$\frac{7}{2}$	$\frac{10}{3}$	$\frac{9}{8}$			
gemischte schreibweise					$4\frac{1}{2}$	$2\frac{7}{10}$	$6\frac{1}{5}$	$4\frac{3}{4}$

Setze das passende Zeichen (< oder >) ein.

a) $\frac{3}{4}$ ☐ $\frac{1}{4}$ b) $\frac{2}{6}$ ☐ $\frac{5}{6}$ c) $\frac{5}{12}$ ☐ $\frac{7}{12}$ d) $1\frac{7}{9}$ ☐ $1\frac{4}{9}$

e) $\frac{3}{4}$ ☐ $\frac{5}{6}$ f) $\frac{6}{7}$ ☐ $\frac{2}{3}$ g) $\frac{3}{5}$ ☐ $\frac{4}{6}$ h) $2\frac{3}{8}$ ☐ $2\frac{1}{2}$

Erweitere den Bruch mit der angegebenen Erweiterungszahl.

a) mit 5   b) mit 7   c) mit 9   d) mit 11

$\frac{3}{5}$ = _____ $\frac{2}{7}$ = _____ $\frac{4}{6}$ = _____ $\frac{6}{7}$ = _____

$\frac{3}{4}$ = _____ $\frac{5}{8}$ = _____ $\frac{5}{9}$ = _____ $\frac{7}{12}$ = _____

$\frac{5}{25}$ = _____ $\frac{6}{20}$ = _____ $\frac{12}{15}$ = _____ $\frac{10}{11}$ = _____

Kürze den Bruch mit der angegebenen Kürzungszahl.

a) mit 2   b) mit 3   c) mit 8   d) mit 12

$\frac{4}{10}$ = _____ $\frac{3}{27}$ = _____ $\frac{24}{40}$ = _____ $\frac{36}{48}$ = _____

$\frac{8}{18}$ = _____ $\frac{9}{33}$ = _____ $\frac{56}{64}$ = _____ $\frac{60}{96}$ = _____

$\frac{14}{22}$ = _____ $\frac{30}{39}$ = _____ $\frac{72}{88}$ = _____ $\frac{84}{120}$ = _____

Kürze schrittweise, bis der Bruch vollständig gekürzt ist.

a) $\frac{30}{72}$ = _____   b) $\frac{36}{126}$ = _____

c) $\frac{48}{90}$ = _____   d) $\frac{24}{144}$ = _____

e) $\frac{72}{96}$ = _____   f) $\frac{60}{216}$ = _____

Von 46 Aufgaben habe ich ☐ **Aufgaben richtig gelöst.**

Mit Brüchen rechnen – sicher und leicht gemacht

KAPITEL 2

Mit Brüchen lässt es sich genau so rechnen wie mit ganzen Zahlen. Gleichnamige Brüche addiert bzw. subtrahiert man, indem man die Zähler addiert bzw. subtrahiert und den gemeinsamen Nenner beibehält.

$$\frac{3}{12} + \frac{2}{12} = \frac{3+2}{12} = \frac{5}{12} \qquad\qquad \frac{7}{12} - \frac{3}{12} = \frac{7-3}{12} = \frac{4}{12}$$

Addieren und Subtrahieren

Mutter hat zwei Geburtstagstorten in je 12 Stücke aufgeschnitten. Nachmittags bleiben von der Sahnetorte 4 Stücke, von der Obsttorte 3 Stücke übrig. Davon isst Vater abends noch 2 Stücke.

a) Welcher Bruchteil einer ganzen Torte war nachmittags übrig geblieben?

$$4 \text{ Zwölftel} + 3 \text{ Zwölftel} = 7 \text{ Zwölftel}$$
$$\frac{4}{12} \qquad + \qquad \frac{3}{12} \qquad = \qquad \frac{7}{12}$$

Antwort: Es waren $\frac{7}{12}$ einer ganzen Torte übrig geblieben.

b) Welcher Bruchteil einer ganzen Torte war abends übrig geblieben?

$$7 \text{ Zwölftel} - 2 \text{ Zwölftel} = 5 \text{ Zwölftel}$$
$$\frac{7}{12} \qquad - \qquad \frac{2}{12} \qquad = \qquad \frac{5}{12}$$

Antwort: Es waren $\frac{5}{12}$ einer ganzen Torte übrig geblieben.

1. Addiere bzw. subtrahiere.

3 Fünftel + 1 Fünftel = _____

4 Neuntel + 3 Neuntel = _____

7 Achtel – 5 Achtel = _____

5 Sechstel – 2 Sechstel = _____

2 Siebtel + 4 Siebtel = _____

3 Zehntel + 6 Zehntel = _____

10 Elftel – 3 Elftel = _____

9 Zwölftel – 5 Zwölftel = _____

1. Schreibe zu jedem Bild die passende Aufgabe und berechne sie.

a)   b)   c)   d)

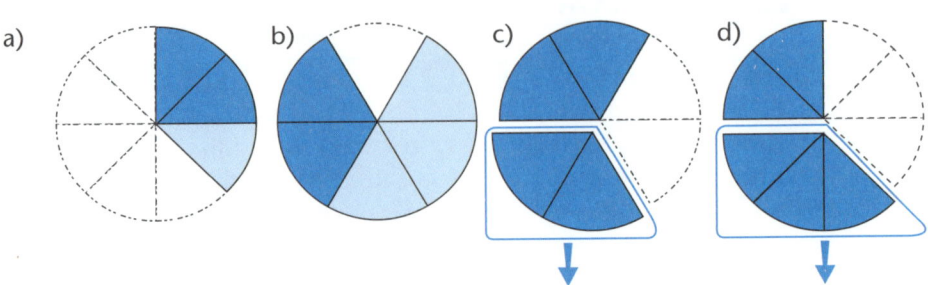

2. Berechne die Summe bzw. die Differenz. Kürze jedes Ergebnis so weit wie möglich. Rechne und schreibe wie im Beispiel.

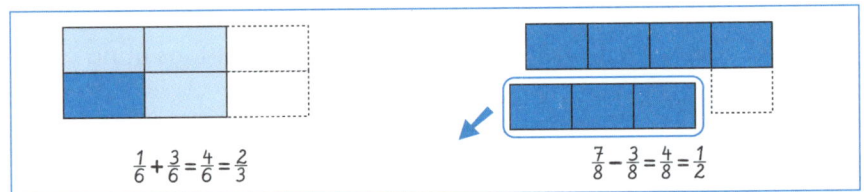

$$\frac{1}{6} + \frac{3}{6} = \frac{4}{6} = \frac{2}{3}$$

$$\frac{7}{8} - \frac{3}{8} = \frac{4}{8} = \frac{1}{2}$$

a) $\frac{2}{8} + \frac{4}{8} =$ _____

b) $\frac{1}{9} + \frac{2}{9} =$ _____

c) $\frac{3}{25} + \frac{7}{25} =$ _____

d) $\frac{3}{5} + \frac{2}{5} =$ _____

e) $\frac{4}{7} + \frac{3}{7} =$ _____

f) $\frac{4}{18} + \frac{5}{18} =$ _____

g) $\frac{1}{6} + \frac{3}{6} =$ _____

h) $\frac{1}{8} + \frac{1}{8} =$ _____

i) $\frac{2}{12} + \frac{7}{12} =$ _____

j) $\frac{3}{4} - \frac{1}{4} =$ _____

k) $\frac{3}{4} - \frac{2}{4} =$ _____

l) $\frac{19}{25} - \frac{14}{25} =$ _____

m) $\frac{7}{8} - \frac{5}{8} =$ _____

n) $\frac{6}{8} - \frac{2}{8} =$ _____

o) $\frac{13}{16} - \frac{9}{16} =$ _____

p) $\frac{8}{9} - \frac{5}{9} =$ _____

q) $\frac{7}{9} - \frac{1}{9} =$ _____

r) $\frac{23}{30} - \frac{13}{30} =$ _____

1. Schreibe zu dem Bild die passende Aufgabe und berechne sie. Gib das Ergebnis in gemischter Schreibweise an. Rechne wie im Beispiel.

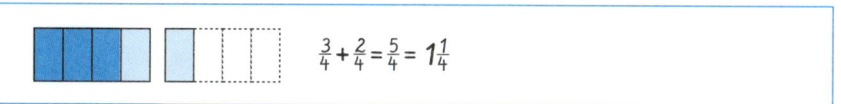

$$\frac{3}{4} + \frac{2}{4} = \frac{5}{4} = 1\frac{1}{4}$$

a)   b)   c)

d)   e)   f)

2. Schreibe zu dem Bild die passende Aufgabe und berechne sie. Bei diesen Aufgaben musst du vorher eines der Ganzen in einen Bruch umwandeln. Rechne wie im Beispiel:

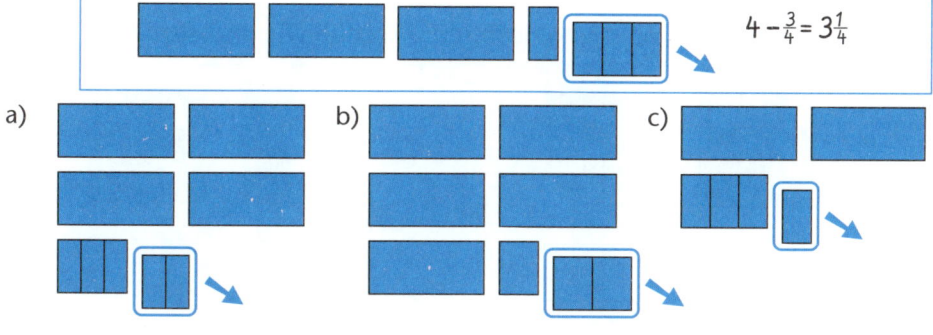

$$4 - \frac{3}{4} = 3\frac{1}{4}$$

a)   b)   c)

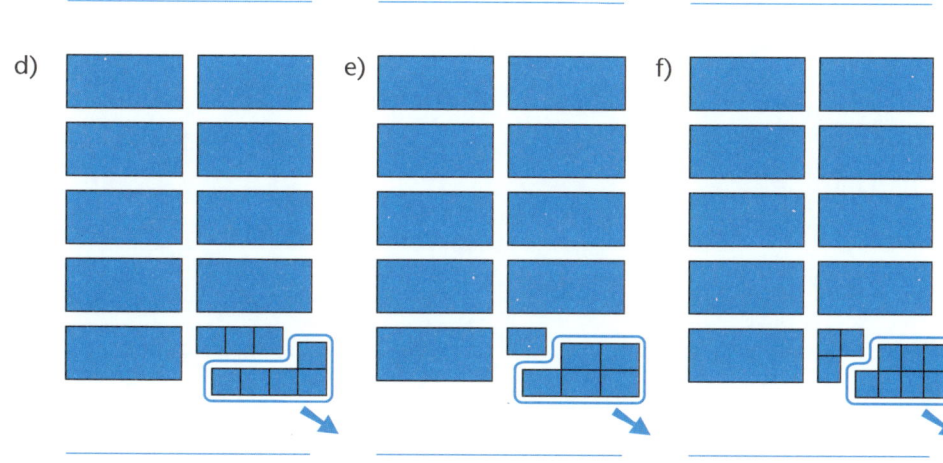

d)   e)   f)

1. Berechne die Summe bzw. die Differenz. Kürze jedes Ergebnis so weit wie möglich. Rechne und schreibe wie im Beispiel.

$$1\tfrac{2}{8} + \tfrac{4}{8} = 1\tfrac{6}{8} = 1\tfrac{3}{4} \qquad\qquad 1\tfrac{4}{6} - \tfrac{2}{6} = 1\tfrac{2}{6} = 1\tfrac{1}{3}$$

a) $3\tfrac{1}{8} + \tfrac{1}{8} =$ _____

b) $2\tfrac{1}{6} + \tfrac{1}{6} =$ _____

c) $5\tfrac{2}{5} + \tfrac{3}{5} =$ _____

d) $3\tfrac{4}{9} + \tfrac{2}{9} =$ _____

e) $1\tfrac{5}{8} - \tfrac{1}{8} =$ _____

f) $2\tfrac{2}{3} - \tfrac{1}{3} =$ _____

g) $5\tfrac{3}{4} - \tfrac{1}{4} =$ _____

2. Berechne die Summe bzw. Differenz. Rechne wie im Beispiel.

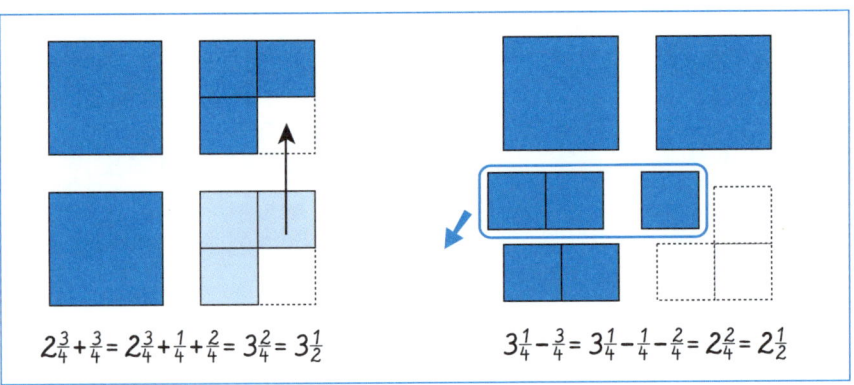

$$2\tfrac{3}{4} + \tfrac{3}{4} = 2\tfrac{3}{4} + \tfrac{1}{4} + \tfrac{2}{4} = 3\tfrac{2}{4} = 3\tfrac{1}{2} \qquad 3\tfrac{1}{4} - \tfrac{3}{4} = 3\tfrac{1}{4} - \tfrac{1}{4} - \tfrac{2}{4} = 2\tfrac{2}{4} = 2\tfrac{1}{2}$$

a) $3\tfrac{3}{5} + \tfrac{4}{5} =$ _____

b) $4\tfrac{2}{3} + \tfrac{2}{3} =$ _____

c) $5\tfrac{5}{9} + \tfrac{7}{9} =$ _____

d) $2\tfrac{3}{7} + \tfrac{6}{7} =$ _____

e) $5\tfrac{2}{5} - \tfrac{3}{5} =$ _____

f) $6\tfrac{1}{3} - \tfrac{2}{3} =$ _____

g) $3\tfrac{3}{7} - \tfrac{5}{7} =$ _____

TIPPS + HILFEN!

Viele Summen und Differenzen kannst du leichter berechnen, wenn du in mehreren Schritten addierst bzw. subtrahierst.

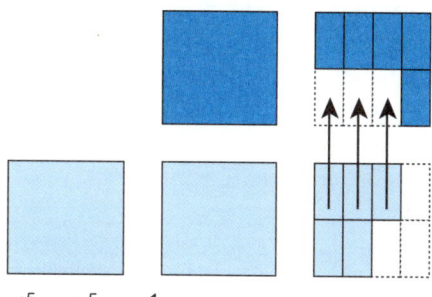
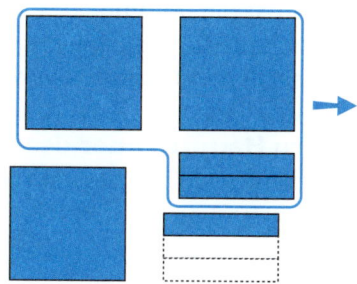

$1\frac{5}{8} + 2\frac{5}{8} = 4\frac{1}{4}$

Erster Schritt: $\quad 1\frac{5}{8} + \frac{3}{8} = 2$

Zweiter Schritt: $\quad 2 + 2\frac{2}{8} = 4\frac{1}{4}$

$3\frac{3}{5} - 2\frac{2}{5} = 1\frac{1}{5}$

Erster Schritt: $\quad 3\frac{3}{5} - 2 = 1\frac{3}{5}$

Zweiter Schritt: $\quad 1\frac{3}{5} - \frac{2}{5} = 1\frac{1}{5}$

1. Berechne die Summe bzw. die Differenz. Kürze jedes Ergebnis so weit wie möglich.

a) $\quad 3\frac{3}{4} + 1\frac{3}{4} = $ _____

b) $4\frac{4}{5} + 2\frac{3}{5} = $ _____

c) $\quad 6\frac{4}{8} - 3\frac{1}{8} = $ _____

d) $9\frac{2}{3} - 4\frac{1}{3} = $ _____

2. Setze die Zahlenfolge fort. Wenn du richtig gerechnet hast, erhältst du die farbig gedruckte Bruchzahl.

a)

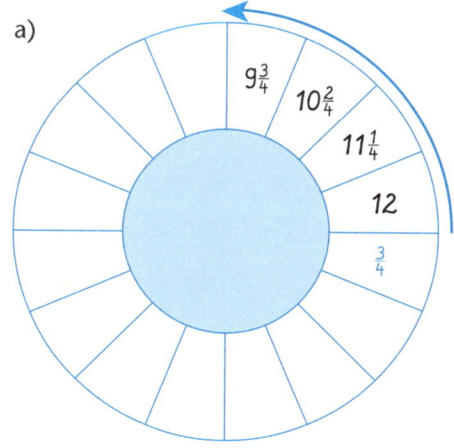

b)

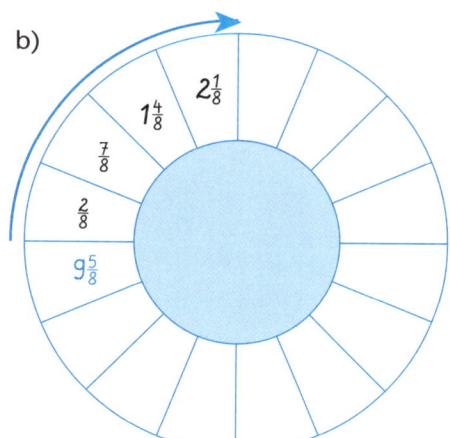

Mutter backt einen Kuchen. Sie benötigt dazu $\frac{2}{3}$ l Milch und $\frac{1}{4}$ l Sahne. Wie viel Flüssigkeit ist das zusammen?

Lösung:

Du musst die Summe $\frac{2}{3}$ l $+ \frac{1}{4}$ l berechnen. Bevor du die Brüche addieren kannst, musst du sie gleichnamig machen. Dazu suchst du einen gemeinsamen Nenner, auf den du beide Brüche erweitern kannst. 12 ist das kleinste gemeinsame Vielfache der Zahlen 3 und 4. Man nennt 12 den **Hauptnenner** der beiden Nenner 3 und 4; $\frac{2}{3} = \frac{8}{12}$ und $\frac{1}{4} = \frac{3}{12}$. Nun kannst du die beiden gleichnamigen Brüche leicht addieren:

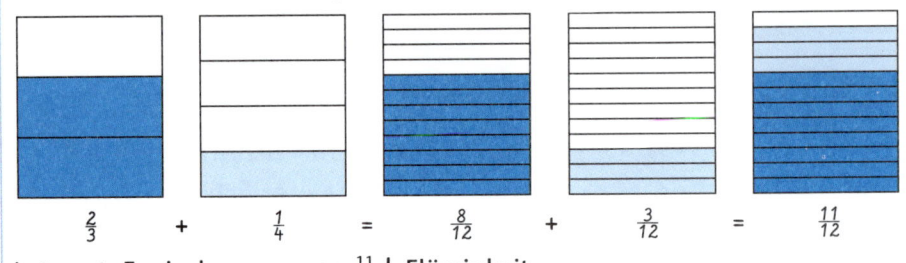

$$\frac{2}{3} \quad + \quad \frac{1}{4} \quad = \quad \frac{8}{12} \quad + \quad \frac{3}{12} \quad = \quad \frac{11}{12}$$

Antwort: Es sind zusammen $\frac{11}{12}$ l Flüssigkeit.

UNBEDINGT MERKEN!

Ungleichnamige Brüche macht man vor dem Addieren durch Erweitern oder Kürzen auf einen Hauptnenner gleichnamig:

$$\frac{2}{3} + \frac{1}{4} = \frac{8}{12} + \frac{3}{12} = \frac{11}{12}$$

Beim Subtrahieren ungleichnamiger Brüche kannst du wie beim Addieren verfahren: $\frac{5}{6} - \frac{1}{4} = \frac{10}{12} - \frac{3}{12} = \frac{7}{12}$

1. Berechne die Summe.

a) $\frac{2}{3} + \frac{1}{6} = \overline{6} + \frac{1}{6} = \overline{6}$

b) $\frac{3}{8} + \frac{1}{6} = \overline{24} + \overline{24} = \overline{24}$

c) $\frac{4}{9} + \frac{1}{3} = $ _____

d) $\frac{3}{9} + \frac{2}{5} = $ _____

e) $\frac{3}{4} + \frac{1}{12} = $ _____

f) $\frac{2}{4} + \frac{4}{7} = $ _____

g) $\frac{3}{5} + \frac{7}{20} = $ _____

h) $\frac{3}{10} + \frac{4}{9} = $ _____

i) $\frac{1}{4} + \frac{4}{11} = $ _____

j) $\frac{8}{15} + \frac{2}{5} = $ _____

k) $\frac{3}{7} + \frac{1}{3} = $ _____

l) $\frac{1}{5} + \frac{7}{12} = $ _____

1. Berechne die Differenz.

a) $\frac{3}{4} - \frac{5}{12} = \frac{}{12} - \frac{5}{12} = \frac{}{12}$

b) $\frac{3}{4} - \frac{2}{10} = \frac{}{20} - \frac{}{20} = \frac{}{20}$

c) $\frac{2}{3} - \frac{3}{6} =$ _____

d) $\frac{5}{6} - \frac{2}{5} =$ _____

e) $\frac{7}{10} - \frac{2}{5} =$ _____

f) $\frac{7}{8} - \frac{5}{12} =$ _____

g) $\frac{2}{4} - \frac{1}{8} =$ _____

h) $\frac{8}{15} - \frac{2}{6} =$ _____

TIPPS + HILFEN!

Nicht immer kannst du den Hauptnenner so leicht bestimmen wie in den letzten Aufgaben. In schwierigen Fällen hilft dir das folgende Verfahren:
Bilde mit dem größeren der beiden Nenner das 1fache, das 2fache, das 3fache, … dieser Zahl und prüfe jeweils, ob es auch ein Vielfaches des anderen Nenners ist. Das erste gemeinsame Vielfache ist dann der Hauptnenner der beiden Nenner.

Aufgabe: Bestimme den Hauptnenner von 9 und 12.

Lösung:
Der größere der beiden Nenner ist 12.
Ist 12 Vielfaches von 9? nein
Ist 24 Vielfaches von 9? nein
Ist 36 Vielfaches von 12? ja

Antwort: Der Hauptnenner von den beiden Nennern 9 und 12 ist 36.

2. Bestimme den Hauptnenner (HN).

a) HN (8; 5) = _____

b) HN (10; 16) = _____

c) HN (8; 12) = _____

d) HN (3; 11) = _____

e) HN (6; 5)   = _____

f) HN (20; 15) = _____

g) HN (15; 9) = _____

h) HN (15; 12) = _____

i) HN (18; 4) = _____

1. Berechne die Summe bzw. die Differenz. Kürze jedes Ergebnis so weit wie möglich.

a) $\frac{3}{5} + \frac{1}{6} =$ _____   b) $\frac{3}{5} + \frac{1}{4} =$ _____

c) $\frac{5}{7} + \frac{1}{8} =$ _____   d) $\frac{1}{2} + \frac{2}{5} =$ _____

e) $\frac{2}{9} + \frac{2}{7} =$ _____   f) $\frac{1}{5} + \frac{3}{4} =$ _____

g) $\frac{5}{6} - \frac{1}{4} =$ _____   h) $\frac{7}{9} - \frac{1}{2} =$ _____

i) $\frac{4}{5} - \frac{3}{4} =$ _____   j) $\frac{2}{5} - \frac{1}{6} =$ _____

k) $\frac{8}{9} - \frac{2}{5} =$ _____   l) $\frac{7}{9} - \frac{1}{3} =$ _____

2. Rechne wie im Beispiel.

$$4\frac{5}{6} + \frac{3}{5} = 4\frac{25}{30} + \frac{18}{30} = 4\frac{43}{30} = 5\frac{13}{30} \qquad 3\frac{1}{4} - \frac{3}{5} = 3\frac{5}{20} - \frac{12}{20} = 2\frac{25}{20} - \frac{12}{20} = 2\frac{13}{20}$$

a) $2\frac{2}{3} + \frac{7}{8} =$ _____   b) $3\frac{3}{8} + \frac{4}{6} =$ _____

c) $\frac{2}{3} + 2\frac{4}{5} =$ _____   d) $\frac{7}{15} + 9\frac{3}{5} =$ _____

e) $3\frac{1}{6} - \frac{3}{8} =$ _____   f) $1\frac{2}{5} - \frac{3}{6} =$ _____

g) $6\frac{4}{10} - \frac{5}{8} =$ _____   h) $14\frac{5}{8} - \frac{2}{3} =$ _____

3. Rechne wie im Beispiel.

$$1\frac{2}{3} + 2\frac{7}{9} = 3\frac{6}{9} + \frac{7}{9} = 3\frac{13}{9} = 4\frac{4}{9} \qquad 4\frac{2}{3} - 2\frac{3}{4} = 2\frac{8}{12} - \frac{9}{12} = 1\frac{20}{12} - \frac{9}{12} = 1\frac{11}{12}$$

a) $3\frac{1}{2} + 2\frac{2}{3} =$ _____   b) $1\frac{1}{4} + 2\frac{1}{2} =$ _____

c) $2\frac{2}{3} + 1\frac{9}{10} =$ _____   d) $3\frac{7}{10} + 8\frac{5}{8} =$ _____

e) $3\frac{5}{7} - 1\frac{4}{5} =$ _____   f) $4\frac{1}{4} - 1\frac{1}{2} =$ _____

g) $4\frac{6}{9} - 2\frac{5}{6} =$ _____   h) $17\frac{1}{6} - 8\frac{7}{30} =$ _____

Test

· Berechne die Summe bzw. die Differenz. Kürze jedes Ergebnis vollständig.

a) $\frac{2}{6} + \frac{2}{6} =$ _____ b) $\frac{2}{5} + \frac{1}{5} =$ _____ c) $\frac{6}{8} - \frac{4}{8} =$ _____ d) $\frac{5}{20} - \frac{1}{20} =$ _____

e) $\frac{6}{8} + \frac{3}{8} =$ _____ f) $\frac{5}{6} + \frac{4}{6} =$ _____ g) $6 - \frac{4}{5} =$ _____ h) $2 - \frac{2}{10} =$ _____

i) $2\frac{1}{3} + \frac{1}{3} =$ _____ j) $7\frac{5}{6} - \frac{3}{6} =$ _____

k) $5\frac{5}{9} + \frac{7}{9} =$ _____ l) $3\frac{3}{8} - \frac{7}{8} =$ _____

m) $2\frac{2}{4} + 3\frac{3}{4} =$ _____ n) $7\frac{7}{9} - 2\frac{4}{9} =$ _____

o) $7\frac{3}{5} - 2\frac{4}{5} =$ _____ p) $12\frac{3}{8} - 5\frac{5}{8} =$ _____

∶ Bestimme den Hauptnenner (HN).

a) HN $(8; 6) =$ ___ b) HN $(2; 7) =$ ___ c) HN $(12; 9) =$ ___ d) HN $(13; 10) =$ ___

e) HN $(6; 4) =$ ___ f) HN $(3; 5) =$ ___ g) HN $(15; 6) =$ ___ h) HN $(15; 40) =$ ___

∴ Berechne die Summe bzw. die Differenz. Kürze jedes Ergebnis vollständig.

a) $\frac{2}{6} + \frac{1}{3} =$ _____ b) $\frac{2}{7} + \frac{1}{2} =$ _____

c) $\frac{7}{8} - \frac{3}{4} =$ _____ d) $\frac{9}{12} - \frac{1}{8} =$ _____

e) $5\frac{1}{4} + \frac{4}{12} =$ _____ f) $\frac{7}{9} + 6\frac{1}{3} =$ _____

g) $2\frac{6}{9} - \frac{1}{4} =$ _____ h) $10\frac{1}{12} - \frac{3}{16} =$ _____

i) $6\frac{2}{9} + 3\frac{17}{18} =$ _____ j) $17\frac{1}{6} - 8\frac{7}{30} =$ _____

Von 34 Aufgaben habe ich ▭ **Aufgaben richtig gelöst.**

Quotientenberg

Nennerbucht

Divisionskanal

Cap des Gegenoperators

Multiplizieren und Dividieren

In einer Sprudelflasche sind $\frac{7}{10}$ Liter. Jens trinkt 3 Flaschen. Wie viele Liter sind das?

Lösung:
Du musst das Produkt $\frac{7}{10} \cdot 3$ berechnen. Das kannst du dir so vorstellen:

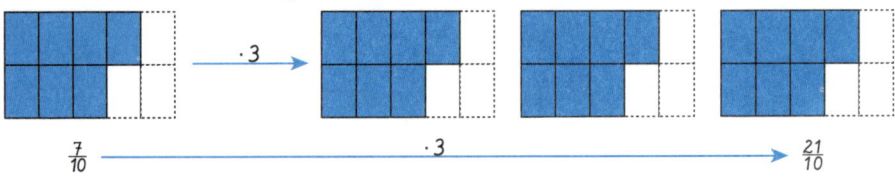

Antwort: Es sind $2\frac{1}{10}$ Liter.

UNBEDINGT MERKEN!
Ein Bruch wird mit einer natürlichen Zahl multipliziert, indem man den Zähler mit der Zahl multipliziert und den Nenner beibehält.

$\frac{7}{10} \cdot 3 = \frac{7 \cdot 3}{10} = \frac{21}{10} = 2\frac{1}{10}$

1. Schreibe zu jedem Bild die passende Aufgabe und berechne sie. Kürze jedes Ergebnis so weit wie möglich.

a)

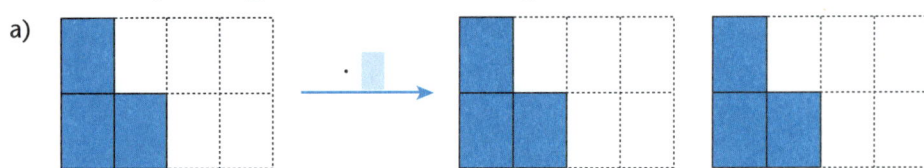

b)

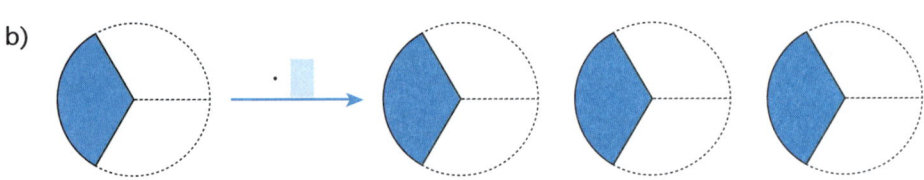

2. Berechne das Produkt. Kürze jedes Ergebnis so weit wie möglich.

a) $\frac{1}{3} \cdot 2 = $ _____

b) $5 \cdot \frac{9}{10} = $ _____

c) $\frac{3}{7} \cdot 6 = $ _____

d) $8 \cdot \frac{5}{6} = $ _____

e) $\frac{2}{3} \cdot 9 = $ _____

f) $7 \cdot \frac{3}{4} = $ _____

TIPPS + HILFEN!

Beim Multiplizieren erhält man oft Brüche, die man noch kürzen kann.
Rechne geschickt. Kürze ab jetzt immer schon vor dem Ausrechnen.

$$\frac{7}{15} \cdot 20 = \frac{7 \cdot \overset{4}{\cancel{20}}}{\underset{3}{\cancel{15}}} = \frac{20}{3} = 9\frac{1}{3}$$

1. Kürze schon vor dem Ausrechnen so weit wie möglich.

a) $\frac{7}{15} \cdot 25 =$ _____   b) $40 \cdot \frac{3}{8} =$ _____

c) $\frac{3}{4} \cdot 12 =$ _____   d) $4 \cdot \frac{5}{6} =$ _____

2. Berechne das Vielfache von Brüchen. Kürze das Ergebnis vollständig.

a) Wie groß ist das Doppelte von $\frac{1}{4}$? _____

b) Wie groß ist das Dreifache von $\frac{4}{3}$? _____

c) Wie groß ist das Vierfache von $\frac{5}{2}$? _____

d) Wie groß ist das Zehnfache von $\frac{7}{6}$? _____

3. Berechne das Produkt. Kürze das Ergebnis vollständig.

a) $4 \cdot \frac{1}{2}$ km = _____   b) $8 \cdot \frac{3}{4}$ l = _____

c) $5 \cdot \frac{7}{10}$ m = _____   d) $7 \cdot \frac{1}{4}$ kg = _____

e) $10 \cdot \frac{1}{8}$ kg = _____   f) $10 \cdot \frac{1}{3}$ l = _____

4. Unterscheide zwischen dem Multiplizieren von Brüchen und dem
Erweitern von Brüchen.

a) Multipliziere und erweitere $\frac{2}{9}$ mit 4 _____

b) Multipliziere und erweitere $\frac{1}{5}$ mit 15 _____

c) Multipliziere und erweitere $\frac{5}{12}$ mit 20 _____

Von einer Tafel Schokolade sind $\frac{2}{3}$ übrig. Diesen Rest teilen sich 3 Kinder.
Wie viel bekommt jedes Kind?

Lösung: Du musst den Quotienten $\frac{2}{3} : 3$ berechnen. Das kannst du dir so vorstellen:

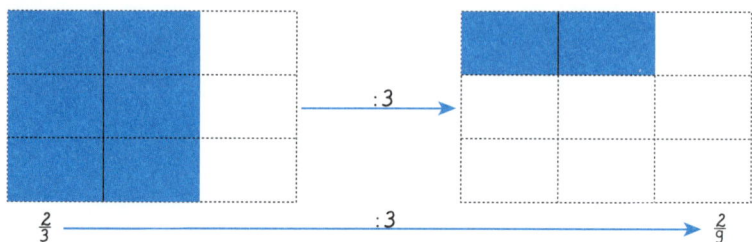

Antwort: Jedes Kind bekommt $\frac{2}{9}$ Tafeln.

UNBEDINGT MERKEN!

Ein Bruch wird durch eine natürliche Zahl dividiert, indem man den Nenner
mit der Zahl multipliziert und den Zähler beibehält.

$$\frac{2}{3} : 3 = \frac{2}{3 \cdot 3} = \frac{2}{9}$$

1. Schreibe zu dem Bild die passende Aufgabe und berechne sie. Kürze
so weit wie möglich.

a)

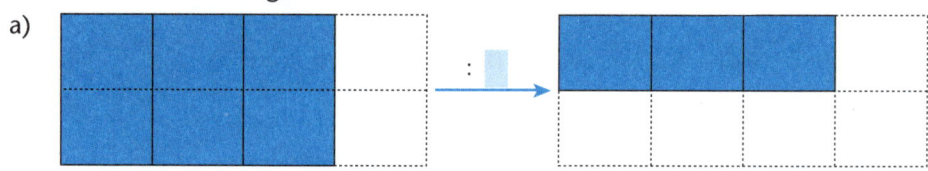

_____

b)

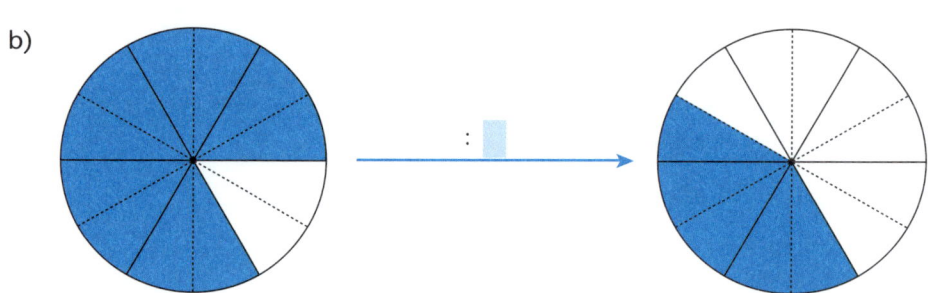

_____

2. Berechne den Quotienten. Kürze jedes Ergebnis so weit wie möglich.

a) $\frac{3}{8} : 5 =$ _____   b) $\frac{5}{9} : 3 \;=$ _____

c) $\frac{4}{6} : 2 =$ _____   d) $\frac{4}{5} : 10 =$ _____

TIPPS + HILFEN!

Beim Dividieren erhält man oft Brüche, die man noch kürzen kann. Rechne geschickt. Kürze ab jetzt immer schon vor dem Ausrechnen.

$$\frac{14}{9} : 21 = \frac{\overset{2}{\cancel{14}}}{9 \cdot \underset{3}{\cancel{21}}} = \frac{2}{27}$$

1. Kürze schon vor dem Ausrechnen so weit wie möglich.

a) $\frac{10}{15} : 25 =$ _____

b) $\frac{24}{15} : 12 =$ _____

c) $\frac{30}{12} : 6 =$ _____

d) $\frac{32}{18} : 4 =$ _____

e) $\frac{20}{24} : 15 =$ _____

f) $\frac{8}{20} : 14 =$ _____

g) $\frac{15}{20} : 9 =$ _____

h) $\frac{30}{16} : 5 =$ _____

2. Berechne Teile von einem Bruch. Kürze das Ergebnis vollständig.

a) Wie groß ist die Hälfte von $\frac{1}{4}$? _____

b) Wie groß ist der dritte Teil von von $\frac{4}{3}$? _____

c) Wie groß ist der vierte Teil von $\frac{5}{2}$? _____

d) Wie groß ist der zehnte Teil von $\frac{7}{6}$? _____

3. Unterscheide zwischen dem Dividieren von Brüchen und dem Kürzen von Brüchen.

a) Dividiere $\frac{25}{80}$ durch 5 und kürze $\frac{25}{80}$ mit 5

_____ _____

b) Dividiere $\frac{96}{24}$ durch 8 und kürze $\frac{96}{24}$ mit 8

_____ _____

c) Dividiere $\frac{18}{21}$ durch 3 und kürze $\frac{18}{21}$ mit 3

_____ _____

d) Dividiere $\frac{36}{60}$ durch 4 und kürze $\frac{36}{60}$ mit 4

_____ _____

e) Dividiere $\frac{54}{90}$ durch 6 und kürze $\frac{54}{90}$ mit 6

_____ _____

Von seiner Tafel Schokolade hat Alexander noch $\frac{3}{4}$ übrig. Weil er sich noch etwas Schokolade aufheben will, isst er heute nur $\frac{2}{3}$ von dem Rest. Welchen Teil der Tafel Schokolade isst er heute?

Lösung: Du musst jetzt $\frac{2}{3}$ von $\frac{3}{4}$ berechnen. Das kannst du dir so vorstellen:

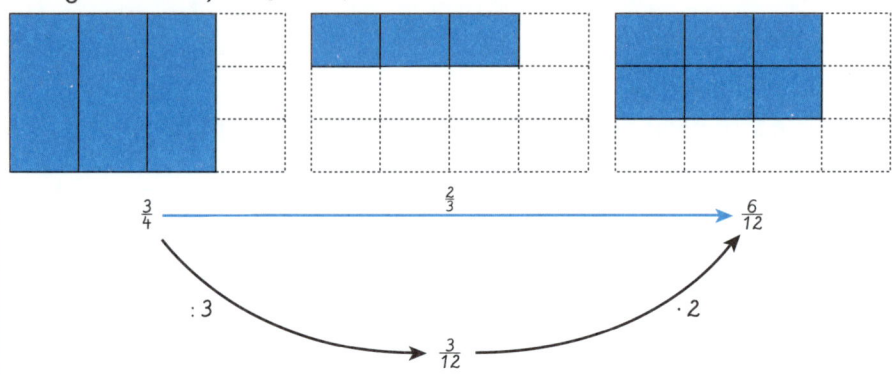

Du weißt, dass „$\frac{2}{3}$ von" bedeutet: Dividiere durch 3 und multipliziere dann das Ergebnis mit 2.

Antwort: Heute isst er $\frac{6}{12}$ der Tafel.

UNBEDINGT MERKEN!
Zwei Brüche werden multipliziert, indem man Zähler mit Zähler und Nenner mit Nenner multipliziert.

$$\frac{3}{4} \cdot \frac{2}{3} = \frac{3 \cdot 2}{4 \cdot 3} = \frac{6}{12}$$

1. Berechne mithilfe eines Pfeilbildes und nach der Multiplikationsregel.

a) $\frac{2}{3}$ von $\frac{7}{10}$ $\qquad$ $\frac{7}{10} \cdot \frac{2}{3} = $ _____ = _____

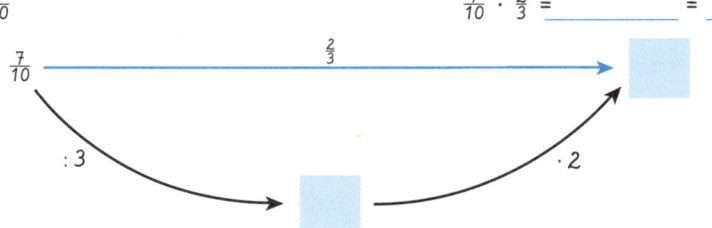

b) $\frac{5}{6}$ von $\frac{4}{5}$ $\qquad$ $\frac{4}{5} \cdot \frac{5}{6} = $ _____ = _____

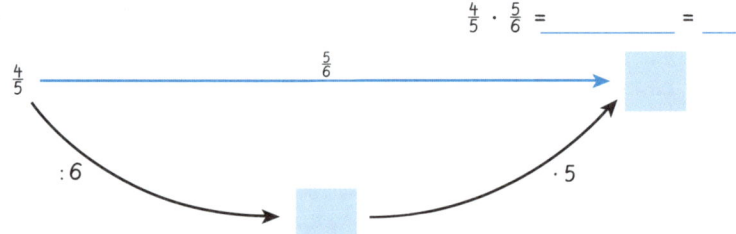

TIPPS + HILFEN!

Viele Produkte kannst du leichter berechnen, wenn du vor dem Ausrechnen kürzt.

$$\frac{3}{8} \cdot \frac{4}{9} = \frac{\overset{1}{\cancel{3}} \cdot \overset{1}{\cancel{4}}}{\underset{2}{\cancel{8}} \cdot \underset{3}{\cancel{9}}} = \frac{1}{6}$$

1. Berechne das Produkt nach der Multiplikationsregel.

a) $\frac{7}{10} \cdot \frac{2}{5} =$ _____ = _____   b) $\frac{3}{4} \cdot \frac{8}{9} =$ _____ = _____

c) $\frac{2}{5} \cdot \frac{5}{3} =$ _____ = _____   d) $\frac{2}{7} \cdot \frac{21}{22} =$ _____ = _____

e) $\frac{3}{11} \cdot \frac{2}{6} =$ _____ = _____   f) $\frac{7}{12} \cdot \frac{6}{14} =$ _____ = _____

g) $\frac{5}{6} \cdot \frac{6}{5} =$ _____ = _____   h) $\frac{24}{30} \cdot \frac{10}{36} =$ _____ = _____

TIPPS + HILFEN!

Viele Produkte kannst du leichter berechnen, wenn du in zwei Schritten rechnest.

$$4 \cdot 2\tfrac{1}{3} = 4 \cdot 2 + 4 \cdot \tfrac{1}{3}$$
$$= \quad 8 \quad + \quad \tfrac{4}{3} \quad = 8 + 1\tfrac{1}{3} = 9\tfrac{1}{3}$$

2. Berechne das Produkt nach der Multiplikationsregel.

a) $3 \cdot 2\tfrac{1}{4} =$ _____   b) $1\tfrac{5}{7} \cdot 6 =$ _____

= _____ = _____ = _____   = _____ = _____ = _____

c) $5 \cdot 3\tfrac{1}{8} =$ _____   d) $6\tfrac{3}{8} \cdot 3 =$ _____

= _____ = _____ = _____   = _____ = _____ =

e) $4 \cdot 1\tfrac{2}{3} =$ _____   f) $5\tfrac{7}{9} \cdot 2 =$ _____

= _____ = _____ = _____   = _____ = _____ = _____

1. Berechne das Produkt wie im Beispiel. Wandle vorher in die Bruch-schreibweise um. Kürze, wenn möglich, vor dem Ausrechnen. Gib das Ergebnis in gemischter Schreibweise an.

$$5\frac{1}{4} \cdot \frac{8}{9} = \frac{21}{4} \cdot \frac{8}{9} = \frac{\overset{7}{\cancel{21}} \cdot \overset{2}{\cancel{8}}}{\underset{1}{\cancel{4}} \cdot \underset{3}{\cancel{9}}} = \frac{14}{3} = 4\frac{2}{3}$$

a) $3\frac{1}{4} \cdot \frac{2}{3}$ = _____ = _____ = _____ = _____

b) $4\frac{1}{3} \cdot \frac{5}{6}$ = _____ = _____ = _____ = _____

c) $\frac{5}{8} \cdot 2\frac{2}{3}$ = _____ = _____ = _____ = _____

d) $\frac{4}{11} \cdot 7\frac{5}{12}$ = _____ = _____ = _____ = _____

e) $2\frac{2}{5} \cdot 4\frac{11}{16}$ = _____ = _____ = _____ = _____

f) $5\frac{5}{8} \cdot 2\frac{4}{5}$ = _____ = _____ = _____ = _____

g) $4\frac{10}{11} \cdot 1\frac{32}{45}$ = _____ = _____ = _____ = _____

h) $3\frac{6}{18} \cdot 2\frac{2}{35}$ = _____ = _____ = _____ = _____

Frau Aschenbrenner füllt 6 kg Marmelade in Gläser ab. Ein Glas fasst $\frac{3}{4}$ kg. Wie viele Gläser bekommt sie?

Lösung:

Du musst den Quotienten $6 : \frac{3}{4}$ berechnen. Das kannst du dir so vorstellen:

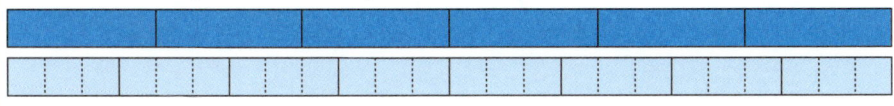

$6 : \frac{3}{4} = \frac{24}{4} : \frac{3}{4} = 8$

Du kannst den Quotienten $6 : \frac{3}{4}$ auch mithilfe eines Bruchoperators berechnen. Zuerst ersetzt du die Durchaufgabe $6 : \frac{3}{4} = x$ durch die Malaufgabe $x \cdot \frac{3}{4} = 6$. Mit einem Bruchoperator kannst du nun so schreiben:

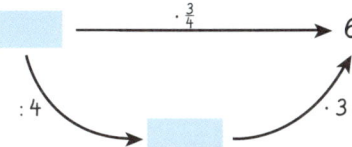

Die Lösung bekommst du durch Rückwärtsrechnen:

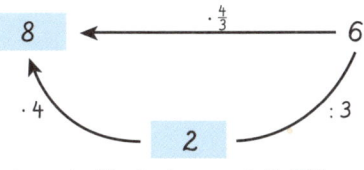 oder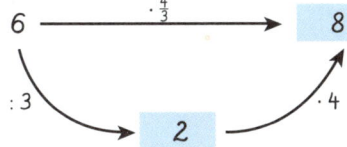

Antwort: Sie bekommt 8 Gläser.

UNBEDINGT MERKEN!

Der Gegenoperator $\xrightarrow{\cdot\frac{3}{4}}$ macht rückgängig, was der Bruchoperator $\xrightarrow{:\frac{3}{4}}$ bewirkt hat. Deshalb kann man sagen:

$$\xrightarrow{:\frac{4}{3}} \text{ bedeutet dasselbe wie } \xrightarrow{\cdot\frac{4}{3}}.$$

Den Gegenoperator erhält man, indem man Zähler und Nenner vertauscht.

$6 : \frac{3}{4}$ bedeutet dasselbe wie $6 \cdot \frac{4}{3}$. $\frac{4}{3}$ ist der **Kehrwert** von $\frac{3}{4}$.

1. Berechne den Quotienten mithilfe des Gegenoperators.

a)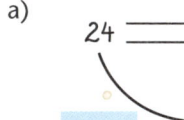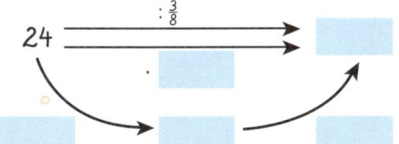

b)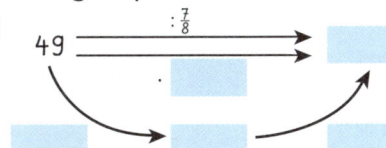

1. Berechne den Quotienten mithilfe des Gegenoperators.

a)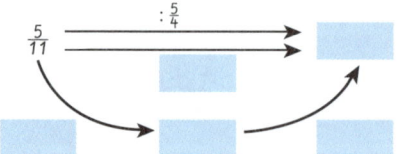

b)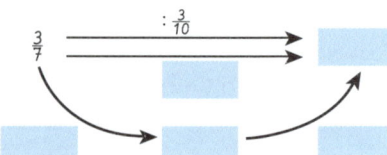

c)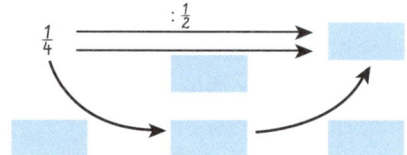

d)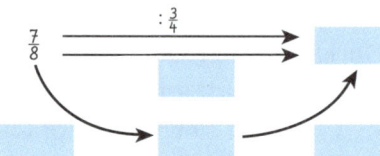

UNBEDINGT MERKEN!

Man dividiert durch einen Bruch, indem man mit dem Kehrwert des Bruches multipliziert.

$$\frac{2}{3} : \frac{7}{9} = \frac{2}{3} \cdot \frac{9}{7} = \frac{2 \cdot \overset{3}{\cancel{9}}}{\underset{1}{\cancel{3}} \cdot 7} = \frac{6}{7} \qquad 2 : \frac{3}{4} = \frac{2}{1} : \frac{3}{4} = \frac{2 \cdot 4}{1 \cdot 3} = \frac{8}{3} = 2\frac{2}{3}$$

2. Berechne den Quotienten nach der Divisionsregel. Kürze schon vor dem Ausrechnen so weit wie möglich.

a) $\frac{2}{3} : \frac{5}{6} =$ _____ = _____ = _____

b) $\frac{7}{8} : \frac{3}{4} =$ _____ = _____ = _____

c) $\frac{8}{9} : \frac{5}{6} =$ _____ = _____ = _____

d) $\frac{4}{5} : \frac{2}{7} =$ _____ = _____ = _____

3. Berechne den Quotienten.

a) $6 : \frac{2}{3} =$ _____ = _____ = _____ = _____

b) $4 : \frac{5}{8} =$ _____ = _____ = _____ = _____

c) $3 : \frac{2}{5} =$ _____ = _____ = _____ = _____

d) $5 : \frac{5}{6} =$ _____ = _____ = _____ = _____

1. Berechne den Quotienten nach der Divisionsregel wie im Beispiel. Kürze, wenn möglich, vor dem Ausrechnen. Gib das Ergebnis, wenn möglich, in gemischter Schreibweise an.

$$\frac{3}{4} : 5 = \frac{3}{4} : \frac{5}{1} = \frac{3 \cdot 1}{4 \cdot 5} = \frac{3}{20}$$

a) $\frac{3}{4} : 4$ = _____ = _____ = _____

b) $\frac{12}{9} : 3$ = _____ = _____ = _____

c) $\frac{5}{7} : 6$ = _____ = _____ = _____

d) $\frac{10}{8} : 5$ = _____ = _____ = _____

e) $\frac{9}{10} : 3$ = _____ = _____ = _____

TIPPS + HILFEN!

Die Divisionsregel kannst du auch bei natürlichen Zahlen anwenden. Du brauchst nur die natürlichen Zahlen als Brüche zu schreiben.

$$3 : 4 = \frac{3}{1} : \frac{4}{1} = \frac{3 \cdot 1}{1 \cdot 4} = \frac{3}{4} \qquad 9 : 2 = \frac{9}{1} : \frac{2}{1} = \frac{9 \cdot 1}{1 \cdot 2} = \frac{9}{2} = 4\frac{1}{2}$$

2. Berechne den Quotienten.

a) $6 : 7$ = _____ = _____ = _____

b) $2 : 8$ = _____ = _____ = _____

c) $6 : 8$ = _____ = _____ = _____

d) $9 : 5$ = _____ = _____ = _____

e) $20 : 6$ = _____ = _____ = _____

TIPPS + HILFEN!

Bruchzahlen in gemischter Schreibweise wandle vor dem Dividieren in Brüche um.

$$3\tfrac{2}{8} : 4 = \frac{26}{8} : \frac{4}{1} = \frac{\overset{13}{\cancel{26}} \cdot 1}{8 \cdot \underset{2}{\cancel{4}}} = \frac{13}{16}$$

1. Berechne den Quotienten. Wenn es möglich ist, kürze vor dem Ausrechnen und gib das Ergebnis in gemischter Schreibweise an.

a) $1\tfrac{7}{8} : 5 \quad = \underline{\hspace{3cm}} = \underline{\hspace{3cm}} = \underline{\hspace{3cm}}$

b) $1\tfrac{3}{4} : 2 \quad = \underline{\hspace{3cm}} = \underline{\hspace{3cm}} = \underline{\hspace{3cm}}$

c) $6\tfrac{2}{3} : 4 \quad = \underline{\hspace{3cm}} = \underline{\hspace{3cm}} = \underline{\hspace{3cm}}$

d) $3\tfrac{3}{5} : 6 \quad = \underline{\hspace{3cm}} = \underline{\hspace{3cm}} = \underline{\hspace{3cm}}$

e) $6\tfrac{3}{4} : 2\tfrac{1}{3} = \underline{\hspace{3cm}} = \underline{\hspace{3cm}} = \underline{\hspace{2cm}} = \underline{\hspace{1.5cm}}$

f) $9\tfrac{4}{5} : 3\tfrac{9}{11} = \underline{\hspace{3cm}} = \underline{\hspace{3cm}} = \underline{\hspace{2cm}} = \underline{\hspace{1.5cm}}$

g) $3\tfrac{1}{2} : 1\tfrac{1}{2} = \underline{\hspace{3cm}} = \underline{\hspace{3cm}} = \underline{\hspace{2cm}} = \underline{\hspace{1.5cm}}$

h) $7\tfrac{2}{9} : 2\tfrac{5}{6} = \underline{\hspace{3cm}} = \underline{\hspace{3cm}} = \underline{\hspace{2cm}} = \underline{\hspace{1.5cm}}$

TIPPS + HILFEN!

Wenn die natürliche Zahl der Bruchzahl (Dividend) teilbar durch die natürliche Zahl (Divisor) ist, dann kannst du so einfacher rechnen:

$$9\tfrac{2}{3} : 3 = 9 : 3 + \tfrac{2}{3} : 3$$
$$= 3 \;+\; \tfrac{2}{9} \;= 3\tfrac{2}{9}$$

2. Berechne den Quotienten.

a) $6\tfrac{7}{8} : 2 \quad = \underline{\hspace{3cm}} = \underline{\hspace{3cm}} = \underline{\hspace{3cm}}$

b) $8\tfrac{5}{6} : 4 \quad = \underline{\hspace{3cm}} = \underline{\hspace{3cm}} = \underline{\hspace{3cm}}$

c) $8\tfrac{4}{7} : 2 \quad = \underline{\hspace{3cm}} = \underline{\hspace{3cm}} = \underline{\hspace{3cm}}$

d) $8\tfrac{2}{9} : 4 \quad = \underline{\hspace{3cm}} = \underline{\hspace{3cm}} = \underline{\hspace{3cm}}$

e) $12\tfrac{3}{5} : 6 = \underline{\hspace{3cm}} = \underline{\hspace{3cm}} = \underline{\hspace{3cm}}$

f) $15\tfrac{1}{3} : 5 = \underline{\hspace{3cm}} = \underline{\hspace{3cm}} = \underline{\hspace{3cm}}$

g) $15\tfrac{5}{8} : 3 = \underline{\hspace{3cm}} = \underline{\hspace{3cm}} = \underline{\hspace{3cm}}$

h) $21\tfrac{4}{7} : 7 = \underline{\hspace{3cm}} = \underline{\hspace{3cm}} = \underline{\hspace{3cm}}$

TIPPS + HILFEN!

Beachte, dass beim Dividieren in Zukunft kein Rest mehr bleibt.

$3 : 4 = \frac{3}{1} : \frac{4}{1} = \frac{3 \cdot 1}{1 \cdot 4} = \frac{3}{4}$

$$5\,0\,8\,1 : 6 = 8\,4\,6 + 5 : 6 = 8\,4\,6\,\tfrac{5}{6}$$

```
5 0 8 1 : 6 = 8 4 6 + 5 : 6 = 8 4 6 5/6
4 8
  2 8
  2 4
    4 1
    3 6
      5
```

1. Berechne den Quotienten.

a) $6 : 7 =$

b) $2 : 8 =$

c) $9 : 5 =$

d) $20 : 6 =$

2. Dividiere schriftlich.

a) $3\,0\,8\,3 : 7 =$

b) $1\,7\,2\,4\,5 : 6 =$

c) $9\,6\,9\,9 : 8 =$

Test

• Berechne das Produkt bzw. den Quotienten.

a) $\frac{2}{3} \cdot 5 =$ _____

b) $3 \cdot \frac{7}{8} =$ _____

c) $\frac{4}{7} \cdot 3 =$ _____

d) $9 \cdot \frac{1}{2} =$ _____

e) $\frac{1}{3} : 8 =$ _____

f) $\frac{1}{2} : 12 =$ _____

g) $\frac{2}{4} : 5 =$ _____

h) $\frac{2}{4} : 15 =$ _____

∴ Berechne das Produkt bzw. den Quotienten. Kürze schon vor dem Ausrechnen so weit wie möglich.

a) $\frac{5}{6} \cdot 30 =$ _____

b) $28 \cdot \frac{7}{8} =$ _____

c) $\frac{2}{7} \cdot 28 =$ _____

d) $34 \cdot \frac{3}{4} =$ _____

e) $\frac{15}{16} : 3 =$ _____

f) $\frac{9}{16} : 15 =$ _____

g) $\frac{14}{33} : 4 =$ _____

h) $\frac{8}{15} : 20 =$ _____

⋰ Berechne das Produkt. Kürze, wenn möglich, vor dem Ausrechnen. Gib das Ergebnis, wenn möglich, in gemischter Schreibweise an.

a) $\frac{3}{8} \cdot \frac{14}{15} =$ _____ = _____

b) $\frac{4}{3} \cdot \frac{12}{8} =$ _____ = _____

c) $\frac{9}{10} \cdot \frac{2}{3} =$ _____ = _____

d) $\frac{3}{20} \cdot \frac{15}{7} =$ _____ = _____

e) $4 \cdot 5\frac{3}{8} =$ _____ = _____ = _____ = _____

f) $2\frac{4}{9} \cdot 3 =$ _____ = _____ = _____ = _____

g) $3 \cdot 2\frac{1}{2} =$ _____ = _____ = _____ = _____

h) $1\frac{5}{7} \cdot 5 =$ _____ = _____ = _____ = _____

i) $2\frac{1}{7} \cdot \frac{3}{20} =$ _____ = _____ = _____ = _____

j) $\frac{3}{8} \cdot 4\frac{2}{7} =$ _____ = _____ = _____ = _____

k) $\frac{4}{5} \cdot 1\frac{7}{8} =$ _____ = _____ = _____ = _____

 Berechne den Quotienten. Kürze, wenn möglich, vor dem Ausrechnen. Gib das Ergebnis, wenn möglich, in gemischter Schreibweise an.

a) $\frac{1}{2} : \frac{1}{3}$ = _____ = _____ = _____

b) $\frac{13}{10} : \frac{5}{8}$ = _____ = _____ = _____

c) $\frac{15}{32} : \frac{5}{28}$ = _____ = _____ = _____

d) $\frac{12}{35} : \frac{16}{25}$ = _____ = _____ = _____

e) $5 : 8$ = _____ = _____ = _____

f) $6 : 15$ = _____ = _____ = _____

g) $20 : 3$ = _____ = _____ = _____

h) $15 : 4$ = _____ = _____ = _____

i) $8\frac{1}{3} : 4$ = _____ = _____ = _____

j) $12\frac{2}{10} : 6$ = _____ = _____ = _____

k) $1\frac{7}{8} : 4\frac{1}{6}$ = _____ = _____ = _____

l) $3\frac{3}{7} : 2\frac{5}{8}$ = _____ = _____ = _____

Von 39 Aufgaben habe ich ⬜ **Aufgaben richtig gelöst.**

ZUSAMMENFASSUNG!

Für das Rechnen mit Brüchen gibt es wenige, aber sehr wichtige Regeln. Wer sie beherrscht, kennt keine Probleme mehr.

Addition und Subtraktion

1. Gleichnamige Brüche *addiert* bzw. *subtrahiert* man, indem man die Zähler addiert bzw. subtrahiert und den gemeinsamen Nenner beibehält.

$$\frac{3}{12} + \frac{2}{12} = \frac{3+2}{12} = \frac{5}{12} \qquad\qquad \frac{7}{12} - \frac{3}{12} = \frac{7-3}{12} = \frac{4}{12}$$

2. Ungleichnamige Brüche müssen vor dem Addieren bzw. Subtrahieren durch Erweitern oder Kürzen auf den Hauptnenner gebracht werden. Der Hauptnenner ist das kleinste gemeinsame Vielfache der Nenner.

$$\frac{2}{3} + \frac{1}{4} = \frac{8}{12} + \frac{3}{12} = \frac{11}{12} \qquad\qquad \frac{5}{6} - \frac{1}{4} = \frac{10}{12} - \frac{3}{12} = \frac{7}{12}$$

Multiplikation

3. Ein Bruch wird mit einer natürlichen Zahl *multipliziert*, indem man den Zähler mit der Zahl multipliziert und den Nenner beibehält.

$$\frac{7}{10} \cdot 3 = \frac{7 \cdot 3}{10} = \frac{21}{10} = 2\frac{1}{10}$$

4. Zwei Brüche werden multipliziert, indem man Zähler mit Zähler und Nenner mit Nenner multipliziert.

$$\frac{3}{4} \cdot \frac{2}{3} = \frac{3 \cdot 2}{4 \cdot 3} = \frac{6}{12} = \frac{1}{2}$$

Division

5. Ein Bruch wird durch eine natürliche Zahl dividiert, indem man den Nenner mit der Zahl multipliziert.

$$\frac{2}{3} : 3 = \frac{2}{3 \cdot 3} = \frac{2}{9}$$

6. Durch einen Bruch wird dividiert, indem man mit dem *Kehrwert* multipliziert.

$$\frac{2}{3} : \frac{7}{9} = \frac{2}{3} \cdot \frac{9}{7} = \frac{2 \cdot \overset{3}{\cancel{9}}}{\underset{1}{\cancel{3}} \cdot 7} = \frac{6}{7}$$

Alles über Dezimalbrüche – leicht verständlich gemacht

Im Alltag begegnen uns viele Kommazahlen. 5,5 t sind 5 t und 500 kg.
Mit einem Bruch als Maßzahl geschrieben: $\frac{5500}{1000}$ t.
2,5 m sind 2 m und 50 cm.
Mit einem Bruch als Maßzahl geschrieben: $\frac{250}{100}$ m.
0,7 L sind 0 L und 700 ml.
Mit einem Bruch als Maßzahl geschrieben: $\frac{700}{1000}$ L.
2,7 km sind 2 km und 700 m.
Mit einem Bruch als Maßzahl geschrieben: $\frac{2700}{1000}$ km.

Brüche als Dezimalbrüche schreiben

UNBEDINGT MERKEN!

Größenangaben kann man auf verschiedene Weisen schreiben.
1. Die Maßzahl ist ein Dezimalbruch (Kommazahl):
   5,5 t; 2,5 m; 0,7 L; 2,7 km.
2. Die Maßzahl ist eine natürliche Zahl:
   5 t 500 kg; 2 m 50 cm; 700 mL; 2 km 700 m.
3. Die Maßzahl ist ein Bruch: $\frac{5500}{1000}$ t; $\frac{250}{100}$ m; $\frac{700}{1000}$ L; $\frac{2700}{1000}$ km.

1. Gib die Größenangabe in verschiedenen Schreibweisen an.

Dezimalbruch als Maßzahl	natürliche Zahl als Maßzahl (zwei Einheiten)	Bruch als Maßzahl
72,38 €		
0,82 m		
16,008 km		
1,045 kg		

1. Schreibe die Größenangaben in Dezimalbruch-Schreibweise.

> 5 312 m = 5,312 km; 237 m = 0,237 km; 53 m = 0,053 km; 7 m = 0,007 km

a) Schreibe mit Komma in km:

7 605 m = _____

812 m = _____

47 m = _____

b) Schreibe mit Komma in m:

1 080 cm = _____

98 cm = _____

253 cm = _____

c) Schreibe mit Komma in t:

812 kg = _____

9 kg = _____

76 kg = _____

1 005 kg = _____

d) Schreibe mit Komma in kg:

4 672 g = _____

80 g = _____

9 g = _____

625 g = _____

TIPPS + HILFEN!

Dezimalbrüche kannst du in einer nach rechts erweiterten Stellentafel darstellen. Bei einem Dezimalbruch gibt die 1. Ziffer rechts vom Komma die Zehntel (z) an, die 2. Ziffer die Hundertstel (h), die 3. Ziffer die Tausendstel (t), …

	Z	E	z	h	t
$42{,}357 = 40 + 2 + \frac{3}{10} + \frac{5}{100} + \frac{7}{1000}$	4	2	3	5	7
$0{,}18\ \ = \frac{1}{10} + \frac{8}{100}$			1	8	
$5{,}2\ \ = 5 + \frac{2}{10}$		5	2		

2. Fülle die Lücken in der Tabelle aus.

	Z	E	z	h	t		
64,935	6	4	9	3	5	$6\,Z + 4\,E + 9\,z + 3\,h + 5\,t$	$64\frac{935}{1000}$
3,051							
		6	4	0	9		
						$5\,E + 2\,z + 6\,h$	
							$15\frac{87}{1000}$

1. Fülle die Lücken in der Tabelle aus.

E	z	h	t	Dezimalbruch	Bruch
0	4	0	3	0,403	$\frac{403}{1000}$
3	5	6			
1	0	8	7		
0	7	2			
4	0	0	8		
6	2				

2. Schreibe den Dezimalbruch als Bruch.

a) 0,6 = _____   b) 0,13 = _____   c) 0,582 = _____   d) 1,438 = _____

0,4 = _____   0,08 = _____   0,630 = _____   2,3   = _____

0,7 = _____   0,30 = _____   0,070 = _____   6,08 = _____

0,9 = _____   0,05 = _____   0,003 = _____   5,089 = _____

3. Schreibe den Bruch als Dezimalbruch.

a) $\frac{7}{10}$ = _____   b) $1\frac{3}{10}$ = _____   c) $\frac{7}{100}$ = _____

$\frac{9}{10}$ = _____ $3\frac{5}{10}$ = _____ $\frac{69}{100}$ = _____

d) $2\frac{3}{100}$ = _____   e) $\frac{437}{1000}$ = _____   f) $3\frac{509}{1000}$ = _____

$5\frac{4}{100}$ = _____ $\frac{61}{1000}$ = _____ $1\frac{36}{1000}$ = _____

1. Schreibe die Summe als Dezimalbruch wie im Beispiel.

$$\frac{6}{10} + \frac{2}{100} + \frac{4}{1000} = \frac{624}{1000} = 0{,}624$$

a) $\frac{3}{10} + \frac{8}{100} + \frac{6}{1000}$ = _____ = _____

$\frac{4}{10} + \frac{7}{100} + \frac{5}{1000}$ = _____ = _____

$\frac{1}{10} + \frac{4}{100} + \frac{2}{1000}$ = _____ = _____

b) $\frac{9}{10} + \frac{3}{1000}$ = _____ = _____

$\frac{6}{10} + \frac{5}{1000}$ = _____ = _____

$\frac{2}{100} + \frac{4}{1000}$ = _____ = _____

 **TIPPS + HILFEN!**

Wenn man bei einem Dezimalbruch Nullen anhängt (mit 10, 100, 1000, … erweitert) oder weglässt (durch 10, 100, 1000, … kürzt), ändert sich der Wert des Dezimalbruches nicht.

$0{,}6 \xrightarrow{\text{mit 10 erweitert}} 0{,}60 \quad 0{,}6 \xrightarrow{\text{mit 100 erweitert}} 0{,}600 \quad 0{,}6 \xrightarrow{\text{mit 1 000 erweitert}} 0{,}6000$

$0{,}80 \xrightarrow{\text{durch 10 gekürzt}} 0{,}8 \quad 0{,}800 \xrightarrow{\text{durch 100 gekürzt}} 0{,}8 \quad 0{,}8000 \xrightarrow{\text{durch 1 000 gekürzt}} 0{,}8$

2. Verbinde gleiche Zahlen.

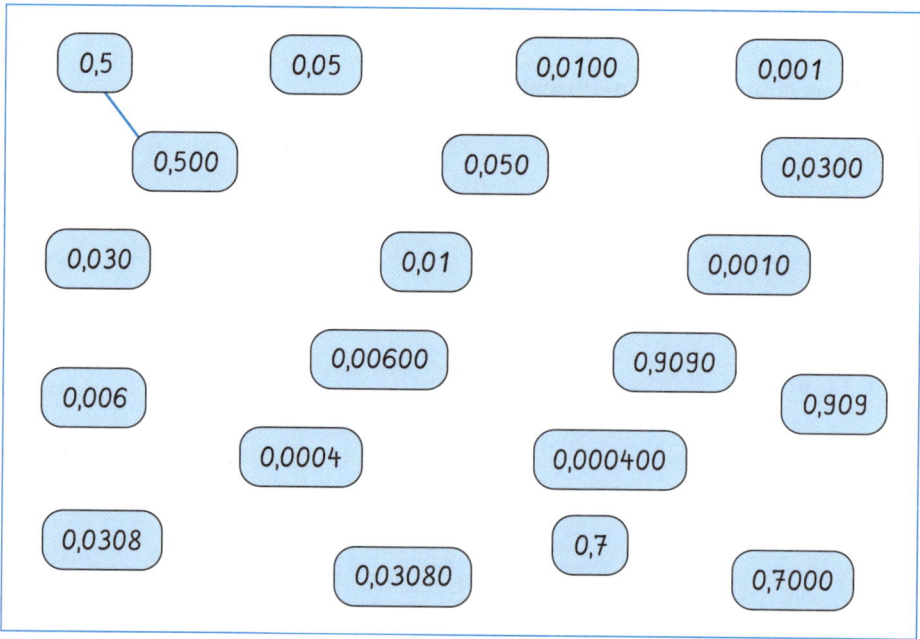

Dezimalbrüche ordnen

Im 100-m-Lauf liefen 6 Jungen folgende Zeiten: Timo 12,8 s, Frank 12,9 s, Jens 13,1 s, Sven 12,6 s, Olaf 12,7 s und Michael 12,4 s. Auf welche Plätze kamen die Jungen?

Lösung:
Du musst die Zeiten nach ihrer Größe ordnen. Zuerst vergleichst du die Sekunden vor dem Komma. Du stellst fest, dass 13,1 die größte der 6 Zahlen ist. Bei den 5 anderen Zeiten stimmen die Sekunden vor dem Komma überein. Du musst daher die Bruchteile (Zehntel) nach dem Komma vergleichen.

Du stellst fest:
$\frac{9}{10} > \frac{8}{10} > \frac{7}{10} > \frac{6}{10} > \frac{4}{10}$;   also ist 12,9 > 12,8 > 12,7 > 12,6 > 12,4
Du erhältst also:
13,1 s > 12,9 s > 12,8 s > 12,7 s > 12,6 s > 12,4 s

Antwort: Michael kam auf den 1. Platz, Sven auf den 2. Platz, Olaf auf den 3. Platz, Timo auf den 4. Platz, Frank auf den 5. Platz und Jens auf den 6. Platz.

UNBEDINGT MERKEN!
Am einfachsten kannst du Dezimalbrüche nach ihrer Größe vergleichen, indem du die Ziffern von links nach rechts an der gleichen Stelle vergleichst. Es entscheidet die erste Stelle, bei der verschiedene Ziffern auftreten.

1 2,9 ⎫
1 3,9 ⎭   12,9 < 13,9, denn 2 E < 3 E

5, 3 3 1 6 ⎫
5, 3 4 7 ⎭ 5,3316 < 5,347, denn 3 h < 4 h

1. Setze in die Lücke das passende Zeichen (< oder >) ein.

a) 1,49 ⬚ 1,51   b) 0,68 ⬚ 0,6   c) 8,44 ⬚ 8,43

0,835 ⬚ 0,92   0,2 ⬚ 0,222   3,121 ⬚ 3,212

0,25 ⬚ 0,2050   0,45 ⬚ 0,4555   7,04 ⬚ 7,048

2. Setze in die Lücke das passende Zeichen (=, <, >) ein.

a) 0,04 ⬚ 0,4   b) 3,2 ⬚ 3,20   c) 0,4406 ⬚ 0,40406

0,400 ⬚ 0,4   3,2 ⬚ 3,02   0,4406 ⬚ 0,040406

0,44 ⬚ 0,4   3,2 ⬚ 3,002   0,4406 ⬚ 0,404060

TIPPS + HILFEN!

Dezimalbrüche lassen sich mithilfe eines Zahlenstrahls leicht nach ihrer Größe vergleichen. Auf dem Zahlenstrahl steht der kleinere Dezimalbruch immer links von dem größeren Dezimalbruch.

0   0,3   <   0,5   <   0,7   1,0

1. Du siehst den Anfang eines Zahlenstrahls von 0 bis 1,10. Welche Zahlen sind rot markiert? Ordne sie nach der Größe.

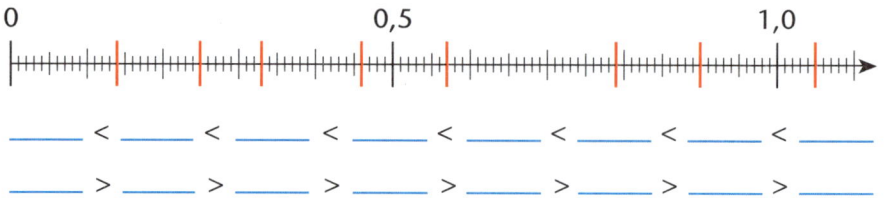

_____ < _____ < _____ < _____ < _____ < _____ < _____ < _____

_____ > _____ > _____ > _____ > _____ > _____ > _____ > _____

2. Markiere mit einem Strich auf dem Zahlenstrahl die Zahlen 0,36; 0,77; 0,89; 0,63; 0,5; 1,04; 1,40; 1,15. Ordne sie dann nach der Größe.

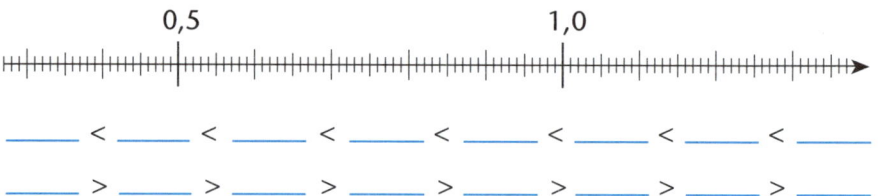

_____ < _____ < _____ < _____ < _____ < _____ < _____ < _____

_____ > _____ > _____ > _____ > _____ > _____ > _____ > _____

3. Ordne die Zahlen 0,302; 0,32; 0,203; 0,23; 0,332; 0,323 nach der Größe. Beginne mit der kleinsten Zahl.

_____

4. Trage die fehlenden Pfeile ein. Sie bedeuten „ist kleiner als".

a)
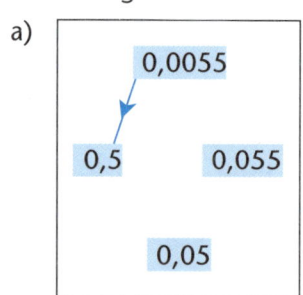

0,0055

0,5   0,055

0,05

b)

0,8

0,808   0,88

0,888

c)

0,12

0,122   0,201

0,21

Dezimalbrüche runden

Einwohnerzahlen von Deutschland und seinen Nachbarländern:

Deutschland	81,187 Mio.	Dänemark	5,169 Mio.
Polen	38,518 Mio.	Tschechische Republik	10,328 Mio.
Österreich	7,805 Mio.	Schweiz	6,862 Mio.
Frankreich	57,379 Mio.	Luxemburg	0,380 Mio.
Belgien	10,010 Mio.	Niederlande	15,270 Mio.

Runde die Einwohnerzahlen auf Mio. mit einer Stelle nach dem Komma.

Lösung:

Die auf die Rundungsstelle folgende Ziffer (Hundertstel) entscheidet, ob aufgerundet (bei den Ziffern 5, 6, 7, 8 oder 9) oder abgerundet wird (bei den Ziffern 0, 1, 2, 3 oder 4).

Deutschland	81,187 Mio. gerundet ergibt 81,2 Mio.
Polen	38,518 Mio. gerundet ergibt 38,5 Mio.
Österreich	7,805 Mio. gerundet ergibt 7,8 Mio.
Frankreich	57,379 Mio. gerundet ergibt 57,4 Mio.
Belgien	10,010 Mio. gerundet ergibt 10,0 Mio.
Dänemark	5,169 Mio. gerundet ergibt 5,2 Mio.
Tschechische Republik	10,328 Mio. gerundet ergibt 10,3 Mio.
Schweiz	6,862 Mio. gerundet ergibt 6,9 Mio.
Luxemburg	0,380 Mio. gerundet ergibt 0,4 Mio.
Niederlande	15,270 Mio. gerundet ergibt 15,3 Mio.

UNBEDINGT MERKEN!

Häufig ist ein genauer Dezimalbruch nicht erforderlich; es werden dann gerundete Dezimalbrüche angegeben. Für das Runden von Dezimalbrüchen gelten dieselben Regeln wie für natürliche Zahlen:
Wenn die nächstfolgende Ziffer 0, 1, 2, 3, 4 heißt, dann wird abgerundet.
Wenn die nächstfolgende Ziffer 5, 6, 7, 8, 9 heißt, dann wird aufgerundet.

5,2653 gerundet auf Einer:	5,2653 ≈ 5
5,2653 gerundet auf Zehntel:	5,2653 ≈ 5,3
5,2653 gerundet auf Hundertstel:	5,2653 ≈ 5,27
5,2653 gerundet auf Tausendstel:	5,2653 ≈ 5,265

1. Runde a) auf volle €, b) auf volle km und c) auf volle kg.

a) 0,98 € ≈ _____	b) 14,098 km ≈ _____	c) 34,090 kg ≈ _____
2,08 € ≈ _____	7,35 km ≈ _____	7,05 kg ≈ _____
19,48 € ≈ _____	56,008 km ≈ _____	75,034 kg ≈ _____

1. Runde a) auf Zehntel, b) auf Hundertstel und c) auf Tausendstel.

a) $10,7264 \approx$ _____

3,199 $\approx$ _____

0,3780 $\approx$ _____

29,1789 $\approx$ _____

b) $23,76907 \approx$ _____

7,0901 $\approx$ _____

0,36284 $\approx$ _____

14,0098 $\approx$ _____

c) $33,0345673 \approx$ _____

2,009800 $\approx$ _____

50,7171306 $\approx$ _____

0,374658 $\approx$ _____

Brüche in Dezimalbrüche umwandeln

Benjamin bereitet zu seinem Geburtstag einen Obstsalat zu. Die Zutaten sind: $\frac{4}{5}$ kg Bananen, $\frac{3}{5}$ kg Äpfel, $\frac{5}{8}$ kg Apfelsinen, $\frac{3}{20}$ kg gemahlene Haselnüsse und $\frac{1}{5}$ kg Zucker. Schreibe die Angaben in Dezimalschreibweise.
Lösung: Du musst die Brüche $\frac{4}{5}$, $\frac{3}{5}$, $\frac{5}{8}$, $\frac{3}{20}$ und $\frac{1}{5}$ auf Brüche mit dem Nenner 10, 100, 1 000, … erweitern, denn Brüche mit einer Zehnerpotenz im Nenner lassen sich leicht in einen Dezimalbruch umwandeln.

$\frac{4}{5} = \frac{8}{10} = 0,8$	$\frac{4}{5}$ kg Bananen	$= 0,8$ kg Bananen
$\frac{3}{5} = \frac{6}{10} = 0,6$	$\frac{3}{5}$ kg Äpfel	$= 0,6$ kg Äpfel
$\frac{5}{8} = \frac{625}{1000} = 0,625$	$\frac{5}{8}$ kg Apfelsinen	$= 0,625$ kg Apfelsinen
$\frac{3}{20} = \frac{15}{100} = 0,15$	$\frac{3}{20}$ kg Haselnüsse	$= 0,15$ kg Haselnüsse
$\frac{1}{5} = \frac{2}{10} = 0,2$	$\frac{1}{5}$ kg Zucker	$= 0,2$ kg Zucker

UNBEDINGT MERKEN!
Brüche, die durch Erweitern oder Kürzen den Nenner 10, 100, 1000, … erhalten, kann man leicht in Dezimalbrüche umwandeln:

$\frac{1}{2} = \frac{5}{10} = 0,5$ $\frac{1}{5} = \frac{2}{10} = 0,2$

$\frac{1}{4} = \frac{25}{100} = 0,25$ $\frac{1}{20} = \frac{5}{100} = 0,05$

$\frac{1}{8} = \frac{125}{1000} = 0,125$ $\frac{3}{8} = \frac{375}{1000} = 0,375$

1. Schreibe als Dezimalbruch. Rechne wie im Beispiel.

$$\frac{4}{5} \stackrel{2}{=} \frac{8}{10} = 0{,}8$$

a) $\frac{3}{5}$ = _____ = _____

$\frac{7}{50}$ = _____ = _____

$\frac{9}{25}$ = _____ = _____

b) $\frac{17}{500}$ = _____ = _____

$\frac{71}{250}$ = _____ = _____

$\frac{11}{125}$ = _____ = _____

2. Schreibe als Dezimalbruch. Rechne wie im Beispiel.

$$\frac{8}{40} \stackrel{4}{=} \frac{2}{10} = 0{,}2$$

a) $\frac{49}{70}$ = _____ = _____

$\frac{22}{110}$ = _____ = _____

$\frac{30}{150}$ = _____ = _____

b) $\frac{25}{500}$ = _____ = _____

$\frac{75}{300}$ = _____ = _____

$\frac{36}{1200}$ = _____ = _____

3. Setze das passende Zeichen ein (<, > oder =).

a) $3{,}3$ ☐ $3\frac{3}{10}$

$0{,}410$ ☐ $\frac{5}{10}$

$0{,}03$ ☐ $\frac{3}{10}$

$1{,}825$ ☐ $1\frac{6}{8}$

b) $\frac{12}{100}$ ☐ $0{,}120$

$\frac{1}{4}$ ☐ $0{,}025$

$\frac{30}{100}$ ☐ $0{,}38$

$1\frac{3}{5}$ ☐ $1{,}006$

c) $1\frac{7}{10}$ ☐ $1{,}77$

$1\frac{3}{4}$ ☐ $0{,}175$

$3\frac{2}{10}$ ☐ $3{,}02$

$\frac{1}{8}$ ☐ $0{,}125$

4. Verbinde gleiche Zahlen.

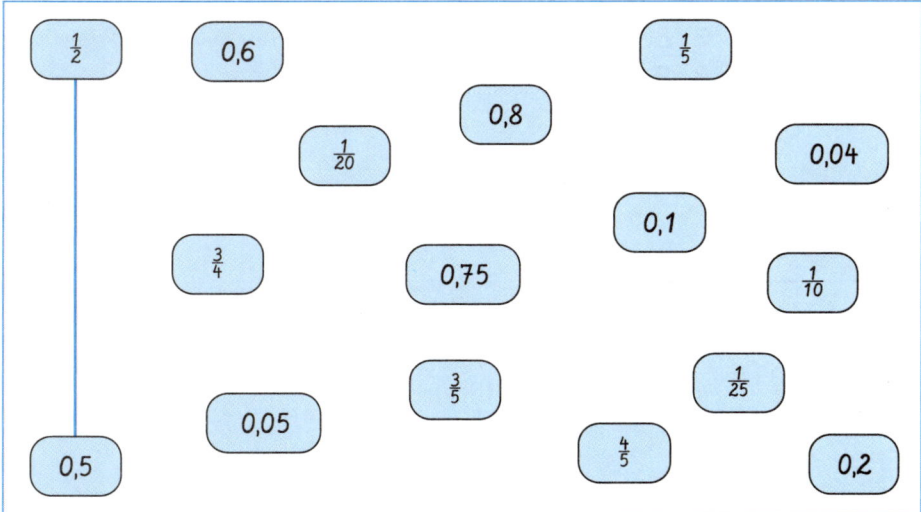

TIPPS + HILFEN!

Du kannst jeden Bruch in einen Dezimalbruch umwandeln, indem du den Zähler durch den Nenner dividierst. Das Komma wird gesetzt, bevor du die Zehntel dividierst.

Aufgabe: $\frac{43}{8}$ in einen Dezimalbruch umwandeln.

Schriftliche Rechnung: Rechenweg:

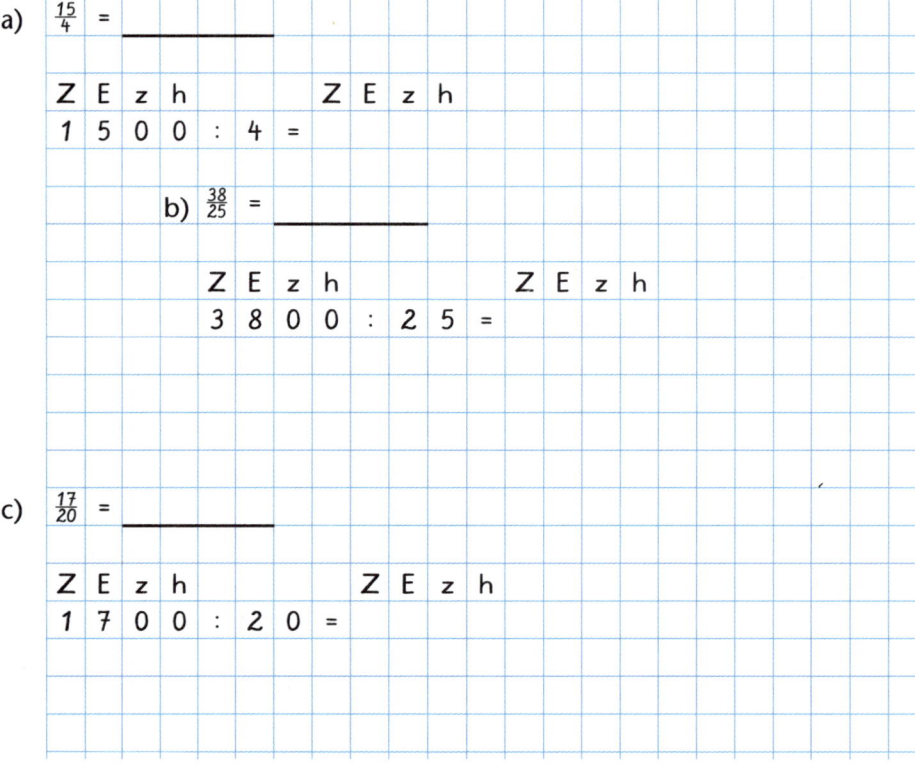

Z	E	z	h	t

Z	E	z	h	t

4 3   : 8 =   5 3 7 5

4 0   : 8

  3 0   : 8

  2 4

    6 0   : 8

    5 6

      4 0   : 8

      4 0

        0

Einer: $43 : 8 = 5$; Rest 3 E

Zehntel: $30 : 8 = 3$; Rest 6 z

Hundertstel: $60 : 8 = 7$; Rest 4 h

Tausendstel: $40 : 8 = 5$

Lösung:

$\frac{43}{8} = 5\,E + 3\,z + 7\,h + 5\,t = 5{,}375$

1. Wandle die Brüche in Dezimalbrüche um.

a) $\frac{15}{4}$ = _____

Z	E	z	h
1	5	0	0

: 4 =

Z	E	z	h

b) $\frac{38}{25}$ = _____

Z	E	z	h
3	8	0	0

: 2 5 =

Z	E	z	h

c) $\frac{17}{20}$ = _____

Z	E	z	h
1	7	0	0

: 2 0 =

Z	E	z	h

Alexander will aus einer 2 m langen Leiste drei gleich lange Stücke herstellen. Er berechnet die Länge eines Stückes. Was fällt dir bei der Rechnung auf?

Lösung:

2 : 3 = 0,66 ...
<u>0</u>
20
<u>18</u>
 20   **Antwort:**
<u> 18 </u>   Der Rest 2 wiederholt sich.
  20   Daher wiederholt sich auch die entsprechende
  ⋮   Dezimale 6. Ein Stück ist 0,66 m lang.

UNBEDINGT MERKEN!

Beim Umwandeln von Brüchen in Dezimalbrüche bricht in vielen Fällen der Dezimalbruch nicht ab. Nicht abbrechende Dezimalbrüche bezeichnet man als periodische Dezimalbrüche.

$\frac{5}{3}$ = 1,666 ... = $1,\overline{6}$ Das wird gelesen: eins Komma Periode sechs.

1. Wandle die Brüche durch Division in Dezimalbrüche um.

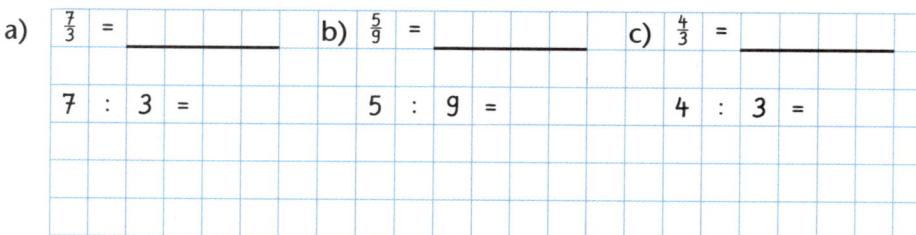

a) $\frac{7}{3}$ = _____   b) $\frac{5}{9}$ = _____   c) $\frac{4}{3}$ = _____

    7 : 3 =   5 : 9 =   4 : 3 =

2. Rechne wie im Beispiel. Die Periode beginnt nicht sofort hinter dem Komma.

$\frac{1}{6}$ = 1 : 6 = $1,1\overline{6}$ Das wird gelesen: eins Komma eins Periode sechs.

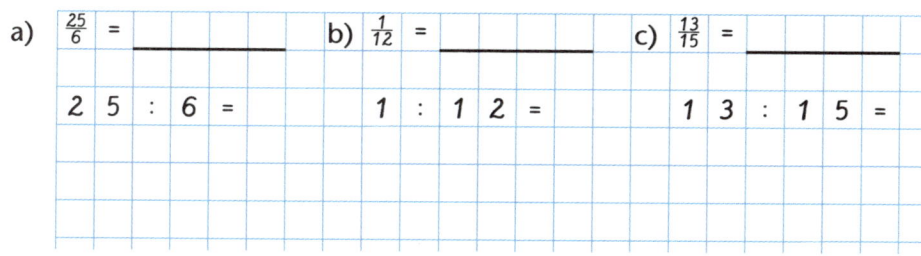

a) $\frac{25}{6}$ = _____   b) $\frac{1}{12}$ = _____   c) $\frac{13}{15}$ = _____

    2 5 : 6 =   1 : 1 2 =   1 3 : 1 5 =

1. Rechne wie im Beispiel. Die Periode besteht jetzt aus mehreren Ziffern.

$\frac{3}{11} = 3 : 11 = 0,\overline{27}$ Das wird gelesen: null Komma Periode zwei sieben.

a) $\frac{5}{11}$ = _____

5 : 1 1 =

b) $\frac{19}{22}$ = _____

1 9 : 2 2 =

c) $\frac{1}{7}$ = _____

1 : 7 =

d) $\frac{1}{22}$ = _____

1 : 2 2 =

2. Verbinde gleiche Zahlen.

$\frac{2}{3}$ $\frac{4}{9}$ $\frac{5}{6}$ $\frac{1}{3}$

$0,\overline{4}$ $0,\overline{6}$ $0,\overline{3}$ $0,8\overline{3}$

$0,\overline{1}$ $0,\overline{7}$ $0,1\overline{6}$

$\frac{1}{6}$ $\frac{1}{9}$ $\frac{7}{9}$

ZUSAMMENFASSUNG!

Jeder Bruch kann auch als Dezimalbruch geschrieben werden. Sein Wert ändert sich dadurch nicht.

1. Ein Bruch, der in der Dezimalschreibweise geschrieben ist, heißt Dezimalbruch. 2,75 ist ein Dezimalbruch. 2,75 wird gelesen: zwei Komma sieben fünf. Die erste Ziffer rechts vom Komma gibt die Zehntel an, die 2. Ziffer die Hundertstel, die 3. Ziffer die Tausendstel, ...

E	z	h	t	zt	ht
2,	7	5			

2. Wenn man bei einem Dezimalbruch Nullen anhängt (mit 10, 100, 1 000, ... erweitert) oder weglässt (durch 10, 100, 1 000, ... kürzt), ändert sich der Wert des Dezimalbruchs nicht.

0,6 —— mit 10 erweitert —→ 0,60   0,6   = 0,60

0,6 —— mit 100 erweitert —→ 0,600   0,6   = 0,600

0,80 —— mit 10 gekürzt —→ 0,8   0,80 = 0,8

0,800 —— mit 100 gekürzt —→ 0,8   0,800 = 0,8

3. Dezimalbrüche werden nach ihrer Größe verglichen, indem man die Ziffern von links nach rechts an der gleichen Stelle vergleicht. Es entscheidet die erste Stelle, bei der verschiedene Ziffern auftreten.

1 2,9
1 3,9 }   12,9 < 13,9, denn 2 E < 3 E

5,3 3 1 6
5,3 4 7 }   5,3316 < 5,347, denn 3 h < 4 h

4. Für das Runden von Dezimalbrüchen gelten dieselben Regeln wie für natürliche Zahlen. Wenn die auf die Rundungsstelle folgende Ziffer 0, 1, 2, 3, 4 heißt, dann wird abgerundet. Wenn die auf die Rundungsstelle folgende Ziffer 5, 6, 7, 8, 9 heißt, dann wird aufgerundet.

5,235 auf Hundertstel gerundet: 5,235 ≈ 5,24

5,235 auf Zehntel gerundet: 5,235 ≈ 5,2

5. Bei der Umwandlung von Brüchen in Dezimalbrüche kann die Division abbrechen. Sie hat dann die Zahl 0 als Rest. Bricht die Division nicht ab, dann hat sie die Zahl 0 nie als Rest.

$\frac{1}{4}$ = 1 : 4 = 0,25   Das wird gelesen: null Komma zwei fünf.

$\frac{9}{11}$ = 9 : 11 = 0,$\overline{81}$ Das wird gelesen: null Komma Periode acht eins.

Test

· Setze das passende Zeichen (= oder ≠) ein.

0,7		0,070	3,08		3,080	0,105		0,1005
0,005		0,00500	6,020		6,0020	1,385		1,38500
2,58		2,5080	0,00800		0,0800	7,10060		7,100600

∴ Schreibe als Dezimalbruch.

$\frac{4}{10} =$ _____ $\frac{6}{100} =$ _____ $\frac{17}{100} =$ _____ $\frac{284}{1000} =$ _____

∴· Schreibe als Dezimalbruch. Erweitere oder kürze zunächst auf Zehntel, Hundertstel oder Tausendstel.

$\frac{3}{5} =$ _____ $=$ _____ $\frac{1}{2} =$ _____ $=$ _____

$\frac{8}{25} =$ _____ $=$ _____ $\frac{17}{50} =$ _____ $=$ _____

$\frac{70}{250} =$ _____ $=$ _____ $\frac{125}{500} =$ _____ $=$ _____

$\frac{14}{70} =$ _____ $=$ _____ $\frac{35}{500} =$ _____ $=$ _____

$\frac{33}{110} =$ _____ $=$ _____ $\frac{24}{800} =$ _____ $=$ _____

$\frac{9}{3000} =$ _____ $=$ _____ $\frac{660}{6000} =$ _____ $=$ _____

∴∴ Wandle die Brüche in Dezimalbrüche um.

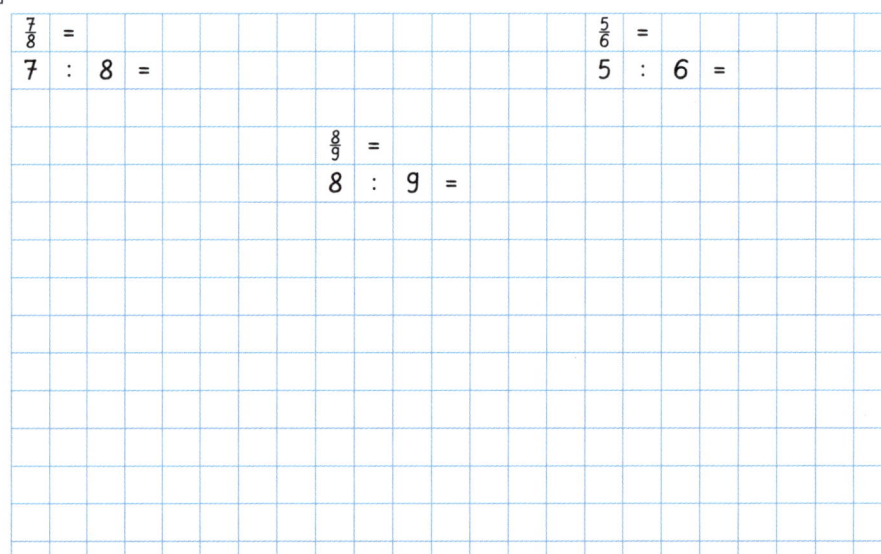

$\frac{7}{8} =$ $\frac{5}{6} =$

$7 : 8 =$ $5 : 6 =$

$\frac{8}{9} =$

$8 : 9 =$

Von 28 Aufgaben habe ich   **Aufgaben richtig gelöst.**

Mit Dezimalbrüchen rechnen – sicher und leicht gemacht

KAPITEL 4

Besonders häufig wird die Dezimalschreibweise beim Rechnen mit Längen, Flächen, Volumen, Gewicht, Zeit oder Geld angewendet. Das hat den Vorteil, dass man die Brüche direkt in Beziehung setzen kann.

23,7 km + 46,4 km = 70,1 km   8,3 ha − 2,6 ha = 5,7 ha

```
  17,302 kg           12,57 m · 4          150,87 DM
+ 105,085 kg          ──────────         −  83,69 DM
─────────────          50,28 m          ─────────────
 122,387 kg                                67,18 DM
```

Addieren und Subtrahieren

Benjamin und Alexander nehmen an einem Ski-Slalom-Wettrennen teil. In den zwei Wertungsläufen erreichen sie die folgenden Zeiten:

	1. Lauf	2. Lauf
Benjamin	43,84 s	45,03 s
Alexander	44,56 s	44,19 s

Wer von beiden war schneller? Berechne auch den Zeitunterschied.

Lösung: Du musst die Gesamtzeit für beide berechnen und miteinander vergleichen.

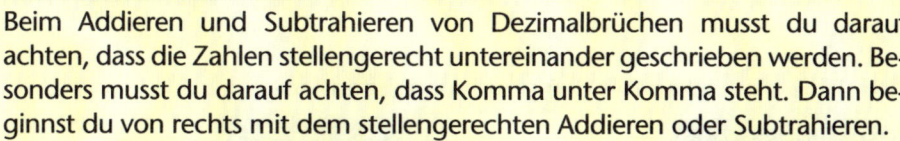

Benjamin:

	Z	E	z	h
	4	3	8	4
+	4	5	0	3
	8	8	8	7

Alexander:

	Z	E	z	h
	4	4	5	6
+	4	4	1	9
	8	8	7	5

	Z	E	z	h
	8	8	8	7
−	8	8	7	5
		0	1	2

Gesamtzeit von Benjamin:
Gesamtzeit von Alexander:

Antwort: Alexander war 0,12 s schneller als Benjamin.

UNBEDINGT MERKEN!

Beim Addieren und Subtrahieren von Dezimalbrüchen musst du darauf achten, dass die Zahlen stellengerecht untereinander geschrieben werden. Besonders musst du darauf achten, dass Komma unter Komma steht. Dann beginnst du von rechts mit dem stellengerechten Addieren oder Subtrahieren.

15,076 + 2,34
= 17,416

	Z	E	z	h	t
	1	5	0	7	6
+		2	3	4	
	1	7	4	1	6

20,853 − 9,07
= 11,783

	Z	E	z	h	t
	2	0	8	5	3
−		9	0	7	
	1	1	7	8	3

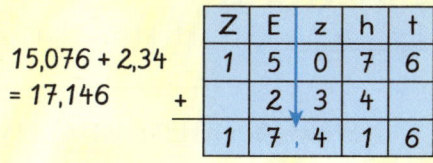

1. Schreibe stellengerecht untereinander und berechne die Summe.

a) 6,432 + 54,177   b) 104,37 + 398,52

c) 6120,9 + 87,5   d) 348,98 + 26,74

2. Schreibe stellengerecht untereinander und berechne die Differenz.

a) 63,245 − 8,786   b) 298,43 − 207,67

c) 256,1 − 8,9   d) 6386,24 − 671,95

3. Addiere schriftlich.

a)
```
   5 6, 3
 + 6 4, 9 6 7
 +    0, 7 8
```

b)
```
     3 4 9, 7
   +   7 6, 0 3
   + 1 0 5, 8 9 6
```

c)
```
     8 3, 4
   + 1 7, 7 8
   +  8, 3 6 7
```

4. Subtrahiere schriftlich.

a)
```
    3, 5
 − 0, 7 8
 − 0, 0 3 9
```

b)
```
   4 1 2, 3
 −   8 7, 0 8
 −    6, 9
```

c)
```
 2 0 6, 3 1 2
 −  1 3, 5
 −   7, 4 3
```

5. Fülle die Lücken mit den passenden Ziffern aus.

a)
```
   5, 3   5
 + 0,   4
 ,  1 2 7
```

b)
```
 1 2, 2 9
 + 1  , 1   8
 5,   5 3
```

c)
```
   0, 6 2 5
 +    9,   7 8
 +    , 3   9
 1 1, 0 1
```

1. Addiere bzw. subtrahiere wie in den Beispielen.

0,7 + 0,9 = 1,6	Kopfrechnen: 7 z + 9 z = 16 z = 1,6
1,4 – 0,8 = 0,6	Kopfrechnen: 14 z – 8 z = 6 z = 0,6

a) 0,6 + 0,3 = _____   b) 1,5 + 2,4 = _____   c) 0,7 + 0,8 = _____

0,2 + 0,5 = _____   3,1 + 1,8 = _____   0,9 + 0,6 = _____

2,4 + 0,2 = _____   5,8 + 2,1 = _____   1,5 + 0,9 = _____

d) 0,8 – 0,5 = _____   e) 3,7 – 2,3 = _____   f) 1,4 – 0,9 = _____

0,6 – 0,3 = _____   4,8 – 1,4 = _____   1,2 – 0,7 = _____

3,5 – 0,4 = _____   6,4 – 3,3 = _____   7,1 – 1,3 = _____

2. Addiere bzw. subtrahiere wie in den Beispielen.

0,25 + 0,17 = 0,42	Kopfrechnen: 25 h + 17 h = 42 h = 0,42
1,15 – 0,20 = 0,95	Kopfrechnen: 115 h – 20 h = 95 h = 0,95

a) 0,75 + 0,14 = _____   b) 1,00 + 0,58 = _____   c) 0,99 + 0,06 = _____

0,20 + 0,61 = _____   1,40 + 0,29 = _____   0,85 + 0,40 = _____

d) 0,44 – 0,09 = _____   e) 1,70 – 0,35 = _____   f) 1,10 – 0,15 = _____

0,85 – 0,35 = _____   2,56 – 0,35 = _____   2,25 – 0,45 = _____

3. Verbinde, was gleich ist.

0,8 – 0,4	3,2 + 1,3	0,66 + 0,60	5,25 – 0,50
1,8	4,75	1,26	0,7
4,5	0,4	2,25	6,1
4,5 – 2,7	1,60 + 0,65	1,3 – 0,6	4,95 + 1,15

Test

· Berechne die Summe bzw. die Differenz.

a) 0,7 + 0,2 = _____   b) 0,6 + 0,9 = _____   c) 0,65 + 0,3 = _____

d) 0,9 – 0,4 = _____   e) 1,3 – 0,5 = _____   f) 0,34 – 0,08 = _____

g) 2,5 – 0,4 = _____   h) 2,2 – 0,6 = _____   i) 0,89 – 0,62 = _____

⠒ Schreibe stellengerecht untereinander und berechne.

a) 63,08 + 9,657   b) 2,0873 + 0,7982   c) 17,926 + 305,08
d) 78,04 – 9,758   e) 6,0321 – 0,9276   f) 406,008 – 39,152

⠢ Fülle die Lücken aus. Addiere bzw. subtrahiere schriftlich.

Minuend	356,263	67,0921			
Subtrahend	122,987	9,9883	654,87	1009,0907	1,67450
Differenz			4992,36	4598,9125	1,66802

⠬ Addiere bzw. subtrahiere schriftlich.

a)
```
    6 2 1, 3 6
+    1 8, 7 0 5
+ 1 0 4, 0 0 9
```

b)
```
      1 5, 1 2
+      8, 0 5 2
+  2 6 0, 3
+    1 9, 0 0 8 7
```

c)
```
      4, 3
+ 1 7, 7 0
+  8, 0 9 8
+  0, 6 7 5
```

d)
```
  5 0 0
-     8, 9
-  7 2, 3 6
```

e)
```
  6 4 5, 8 0
-   1 3, 2 9
-    0, 1 4
- 1 8 9, 2 7
```

f)
```
  6 0 9, 0 0
-  2 8, 3 6
-   2, 5 1
-   0, 8 9
```

Von 26 Aufgaben habe ich ⬜ **Aufgaben richtig gelöst.**

Multiplizieren und Dividieren

Ein Blatt Papier ist 0,055 mm dick. Wie dick sind 10 Blätter, 100 Blätter?

Lösung: Du musst $0{,}055 \cdot 10$ und $0{,}055 \cdot 100$ berechnen.

Rechenweg: $0{,}055 \cdot 10 = \frac{55}{1000} \cdot 10 = \frac{55}{100} = 0{,}55$

$0{,}055 \cdot 100 = \frac{55}{1000} \cdot 100 = \frac{55}{10} = 5{,}5$

Antwort: 10 Blätter sind 0,55 mm dick, 100 Blätter sind 5,5 mm dick.

UNBEDINGT MERKEN!

Beim Multiplizieren von Dezimalbrüchen mit Zehnerpotenzen bleibt die Ziffernfolge erhalten. Nur das Komma verschiebt sich nach rechts. Um 1 Stelle, wenn man mit 10 multipliziert; um 2 Stellen, wenn man mit 100 multipliziert; um 3 Stellen, wenn man mit 1 000 multipliziert; ...

1. Multipliziere.

·	10	100	1 000
6,543			
0,07			

1 000 Blatt Papier wiegen 4,989 kg. Wie schwer sind 10 Blätter, 100 Blätter?

Lösung: Du musst $4{,}989 : 100$ und $4{,}989 : 10$ berechnen.

Rechenweg: $4{,}989 : 100 = \frac{4989}{1000} : 100 = \frac{4989}{100000} = 0{,}04989$

$4{,}989 : 10 = \frac{4989}{1000} : 10 = \frac{4989}{10000} = 0{,}4989$

Antwort: 10 Blätter wiegen 0,04989 kg, 100 Blätter 0,4989 kg.

UNBEDINGT MERKEN!

Beim Dividieren von Dezimalbrüchen durch Zehnerpotenzen bleibt die Ziffernfolge erhalten. Nur das Komma verschiebt sich nach links. Um 1 Stelle, wenn man durch 10 dividiert; um 2 Stellen, wenn man durch 100 dividiert; um 3 Stellen, wenn man durch 1 000 dividiert; ...

2. Dividiere.

:	10	100	1 000
1,35			
0,7			

Früher wurde die Leistung von Motoren in Pferdestärken (PS) angegeben. Heute verwendet man die Maßeinheit Kilowatt (kW). Die Leistung 1 kW entspricht der Leistung 1,36 PS. Wie viel PS entsprechen 6 kW?

Lösung:

Du musst das Produkt 1,36 · 6 berechnen.

Schriftliche Rechnung: Rechenweg:

```
 | E | z | h |
  1, 3 6 · 6              6 · 6 h            = 36 h (Übertrag: 3 z)
     | E | z | h |        6 · 3 z = 18 z + 3 z = 21 z (Übertrag: 2 E)
      8, 1 6              6 · 1 E = 6 E + 2 E  = 8 E
```

Antwort: 6 kW entsprechen 8,16 PS.

UNBEDINGT MERKEN!

Man multipliziert Dezimalbrüche wie natürliche Zahlen. Dann trennt man im Ergebnis von rechts so viele Stellen durch das Komma ab, wie die Faktoren zusammen nach dem Komma Stellen haben.

```
    2 Stellen              2 Stellen plus 1 Stelle       2 Stellen plus 2 Stellen
      //                        \\      /                     \\      //
  1, 2 3 · 6 4              1, 2 3 · 6, 4                 1, 2 3 · 0, 6 4
     7 3 8                     7 3 8                         7 3 8
       4 9 2                     4 9 2                         4 9 2
    7 8, 7 2                   7, 8 7 2                     0, 7 8 7 2
      //                       ///                          | ///
  2 Stellen abtrennen        3 Stellen abtrennen           4 Stellen abtrennen
```

1.   Multipliziere schriftlich.

a)   8, 0 9 · 6   b)   0, 4 1 7 · 8   c)   1 5, 3 · 9, 2

d)   1 8, 4 · 3 4   e)   7, 0 6 · 4 5   f)   0, 3 1 6 · 1, 6

g)   1 6, 3 8 · 1 0 5   h)   3 1 7, 9 · 1 4 8

TIPPS + HILFEN!

Bevor du schriftlich multiplizierst, ist es sinnvoll, dass du eine Überschlagsrechnung machst. Runde die Zahlen so, dass du im Kopf rechnen kannst.

$28{,}05 \cdot 19{,}7$ kannst du überschlagen mit $30 \cdot 20 = 600$;
das genaue Ergebnis ist $552{,}585$.

1. Mache zuerst eine Überschlagsrechnung. Dann multipliziere schriftlich.

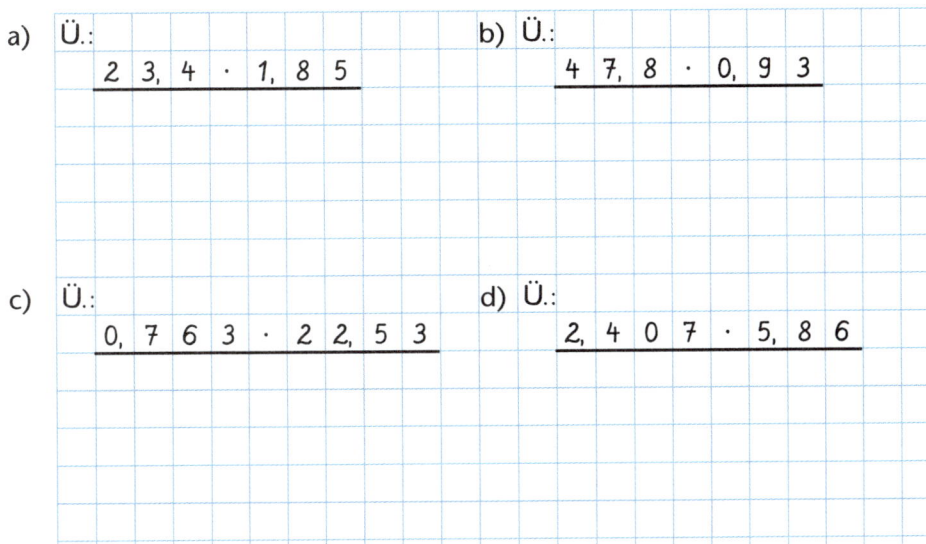

a) Ü.:

$2\,3{,}4 \cdot 1{,}85$

b) Ü.:

$4\,7{,}8 \cdot 0{,}93$

c) Ü.:

$0{,}763 \cdot 2\,2{,}53$

d) Ü.:

$2{,}407 \cdot 5{,}86$

2. Runde das Ergebnis auf 2 Stellen nach dem Komma.

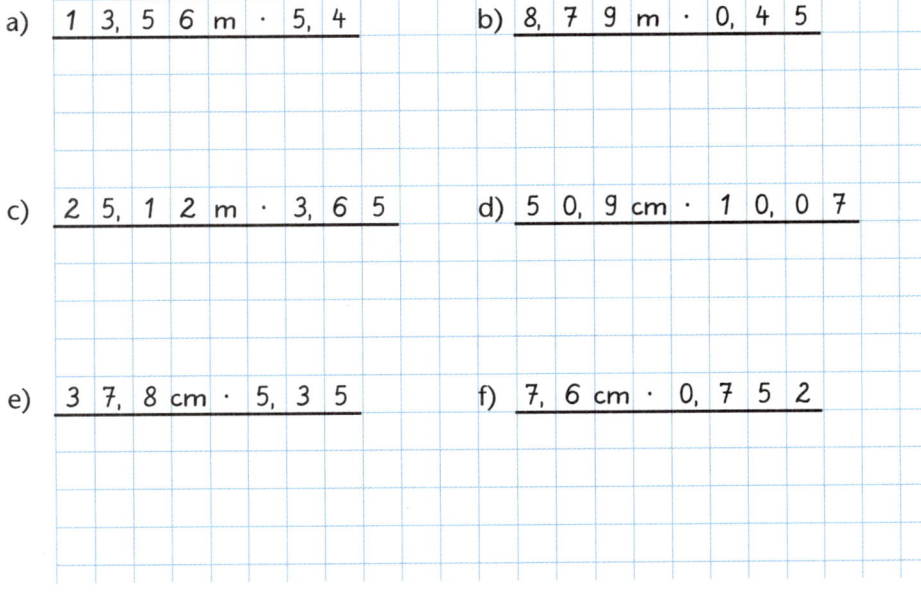

a) $1\,3{,}56\ \text{m} \cdot 5{,}4$

b) $8{,}79\ \text{m} \cdot 0{,}45$

c) $2\,5{,}12\ \text{m} \cdot 3{,}65$

d) $5\,0{,}9\ \text{cm} \cdot 1\,0{,}07$

e) $3\,7{,}8\ \text{cm} \cdot 5{,}35$

f) $7{,}6\ \text{cm} \cdot 0{,}752$

1. Berechne nur eines der Produkte schriftlich. Die anderen Ergebnisse bestimme mit einer Kommaverschiebung.

a) $2,5 \cdot 0,76 =$ _____

$0,25 \cdot 0,76 =$ _____

$0,25 \cdot 7,6 \ =$ _____

$2,5 \ \cdot 7,6 \ =$ _____

b) $4,08 \cdot 0,89 =$ _____

$40,8 \ \cdot 0,89 =$ _____

$40,8 \ \cdot 8,9 \ =$ _____

$4,08 \cdot 8,9 \ =$ _____

c) $9,8 \ \cdot 6,3 \ =$ _____

$0,98 \cdot 6,3 \ =$ _____

$9,8 \ \cdot 0,63 =$ _____

$0,98 \cdot 0,63 =$ _____

Eine Männer-Staffel erreicht über 4 x 100 m die Zeit von 39,36 s. Wie schnell ist jeder Läufer seine 100 m im Durchschnitt gelaufen?

Lösung:

Du musst den Quotienten 39,36 : 4 berechnen.

Schriftliche Rechnung:

Z	E	z	h			E	z	h

$3\ 9,3\ 6 : 4 = 9,8\ 4$

$3\ 6 \qquad : 4$

$\overline{\ \ 3\ 3} \qquad : 4$

$\qquad \overline{\ 3\ 2}$

$\qquad \ 1\ 6 : 4$

$\qquad \ \cdot \underline{1\ 6}$

$\qquad \qquad 0$

Rechenweg:

39 E : 4 = 9 E; denn 4 · 9 E = 36 E; Rest 3 E
Komma setzen!

33 z : 4 = 8 z; denn 4 · 8 z = 32 z; Rest 1 z

16 h : 4 = 4 h; denn 4 · 4 h = 16 h; Rest 0 h

Antwort: Jeder Läufer ist seine 100 m durchschnittlich in 9,84 s gelaufen.

UNBEDINGT MERKEN!

Man dividiert Dezimalbrüche durch eine natürliche Zahl wie natürliche Zahlen. Bevor du die Zehntel dividierst, musst du im Ergebnis das Komma setzen.

2. Dividiere schriftlich.

a) $6,7\ 1\ 4\ :\ 3\ =$

b) $1\ 8,4\ 8\ :\ 7\ =$

1. Hänge Endnullen an, dann geht die Division auf.

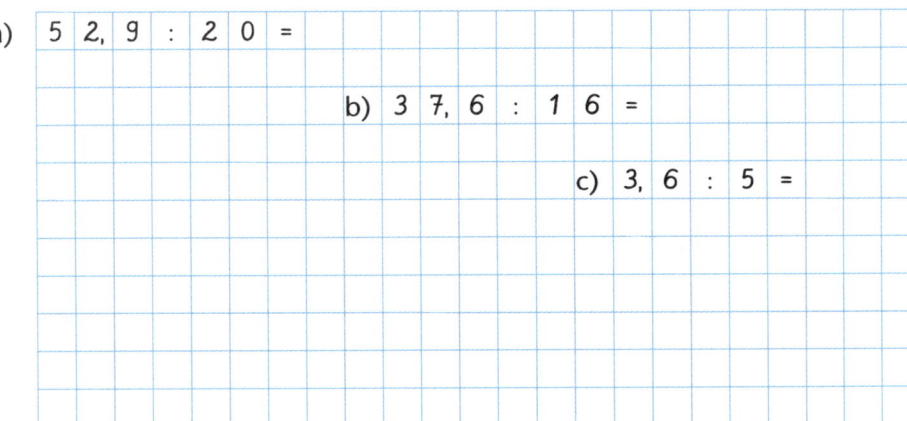

a) 5 2, 9 : 2 0 =

                   b) 3 7, 6 : 1 6 =

                             c) 3, 6 : 5 =

In einem Hotel kostet eine Telefoneinheit 0,75 €. Frau Krug muss für ein Gespräch 13,50 € zahlen. Wie viele Einheiten muss sie bezahlen?

Lösung:
Du musst den Quotienten 13,50 : 0,75 berechnen.

Rechenweg:
Zuerst musst du bei 13,50 und bei 0,75 das Komma um so viele Stellen nach rechts verschieben, bis 0,75 eine natürliche Zahl ist. Dann kannst du nach dem Verfahren auf Seite 78 rechnen.
Komma verschieben: aus 13,50 : 0,75 = wird 1 350 : 75 = 18

Antwort: Sie muss 18 Einheiten bezahlen.

UNBEDINGT MERKEN!
Beim Dividieren durch einen Dezimalbruch verschiebt man zuerst beim Dividenden und beim Divisor das Komma um gleich viele Stellen nach rechts, bis der Divisor eine natürliche Zahl ist. Hat der Divisor mehr Stellen nach dem Komma als der Dividend, dann muss man an den Dividenden Nullen anhängen.

```
5,04 : 1,2 =          15 : 3,75 =
50,4 : 12 = 4,2       1500 : 375 = 4
48                    1500
 ‾‾                    ‾‾‾‾
 24                      0
 24
 ‾‾
  0
```

1. Dividiere schriftlich.

a) 2, 8 5 : 0, 1 5 =

    2 8 5 : 1 5 =

b) 1, 0 5 6 : 3, 2 =

    1 0, 5 6 : 3 2 =

c) 0, 2 6 6 4 : 0, 0 0 9 =

d) 0, 0 9 : 0, 0 1 8 =

e) 4, 8 : 1, 5 =

f) 2, 2 5 : 0, 1 2 =

g) 0, 5 7 6 : 0, 0 9 =

h) 0, 4 3 2 : 0, 0 2 4 =

i) 7, 8 8 : 0, 4 =

Test

• Multipliziere nacheinander mit 10, 100, 1 000.

5,289

0,003

12,074

.• Dividiere nacheinander durch 10, 100, 1 000.

257

78,3

3,09

•.• Berechne das Produkt bzw. den Quotienten.

a) 3 · 0,3 = _____   b) 2 · 1,4 = _____   c) 4 · 0,07 = _____

4 · 0,2 = _____   6 · 1,5 = _____   6 · 0,15 = _____

d) 0,9 : 3 = _____   e) 5,6 : 8 = _____   f) 0,04 : 2 = _____

0,8 : 4 = _____   2,7 : 9 = _____   0,16 : 4 = _____

•• Multipliziere schriftlich.

a) 7, 1 4 · 9   b) 0, 8 6 3 · 7   c) 2 7, 3 · 6, 8

d) 6 0 9, 4 · 7 8, 3   e) 4, 7 0 8 · 1, 0 6 4

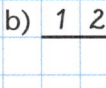 Runde das Ergebnis auf 2 Stellen nach dem Komma.

a) 0, 9 3 m · 2 8, 7   b) 1 2, 5 3 m · 3, 8 2

 Dividiere schriftlich.

a) 4 3, 8 : 2 0 =

b) 1 8, 4 8 : 6 =

c) 7, 4 6 7 : 3 =

d) 1 2, 4 5 : 1 5 =

e) 1 9, 6 0 : 0, 0 8 =

f) 3, 8 1 7 : 0, 1 1 =

g) 0, 5 6 4 3 : 0, 9 =

h) 7 9, 6 8 : 1, 2 =

Von 36 Aufgaben habe ich ⬜ **Aufgaben richtig gelöst.**

ZUSAMMENFASSUNG!

Dezimalbrüche unterscheiden sich von natürlichen Zahlen nur dadurch, dass sie ein Komma haben.

1. Dezimalbrüche werden wie natürliche Zahlen addiert bzw. subtrahiert. Dabei müssen die Zahlen stellengerecht untereinander geschrieben werden: Komma unter Komma.

```
    3,456          587,983
+  12,6          -  15,72
+   0,73         - 123,078
  16,786           449,185
```

2. Man multipliziert einen Dezimalbruch mit 10, 100, 1 000, ..., indem man das Komma um 1, 2, 3, ... Stellen nach rechts verschiebt.
   0,34 · 10 = 3,4   0,34 · 100 = 34   0,34 · 1 000 = 340
   Man dividiert einen Dezimalbruch durch 10, 100, 1 000, ..., indem man das Komma um 1, 2, 3, ... Stellen nach links verschiebt.

   18,5 : 10 = 1,85   18,5 : 100 = 0,185   18,5 : 1 000 = 0,0185

3. Man multipliziert Dezimalbrüche wie natürliche Zahlen. Dann trennt man im Ergebnis von rechts so viele Stellen durch das Komma ab, wie die Faktoren zusammen nach dem Komma Stellen haben.

   2 Stellen plus 1 Stelle

```
1, 2 3  ·  6, 4
      7 3 8
        4 9 2
  7, 8 7 2
```
   3 Stellen

4. Beim Dividieren durch einen Dezimalbruch verschiebt man beim Dividenden und beim Divisor das Komma um gleich viele Stellen nach rechts, bis der Divisor eine natürliche Zahl ist. Dann dividiert man.

```
36,45 : 0,9 =        364,5 : 9 = 40,5
                     36
                     04
                      0
                     45
                     45
                      0
```

Sachaufgaben lösen – mit handfesten Tipps leicht gemacht

Sachaufgaben kannst du leichter lösen, wenn du immer die folgenden fünf Fragen anwendest:
1. Frage: Was will ich wissen?
2. Frage: Was weiß ich?
3. Frage: Welche zeichnerische Lösung hilft mir?
4. Frage: Wie muss ich rechnen?
5. Frage: Welche Antwort muss ich geben?

Lösungshilfen für Sachaufgaben

Sachaufgabe

Sandras Mutter füllt einen Blumenkübel mit Erde. Er ist 6 dm lang, 3 dm breit und 3 dm hoch. Wie viel Kubikdezimeter Erde benötigt sie?

Was will ich wissen?

Wie viel dm^3 Erde passen in den Blumenkübel?

Was weiß ich?

Die Maße des Blumenkübels sind: 6 dm lang, 3 dm breit, 3 dm hoch.

Welche zeichnerische Lösung hilft mir?

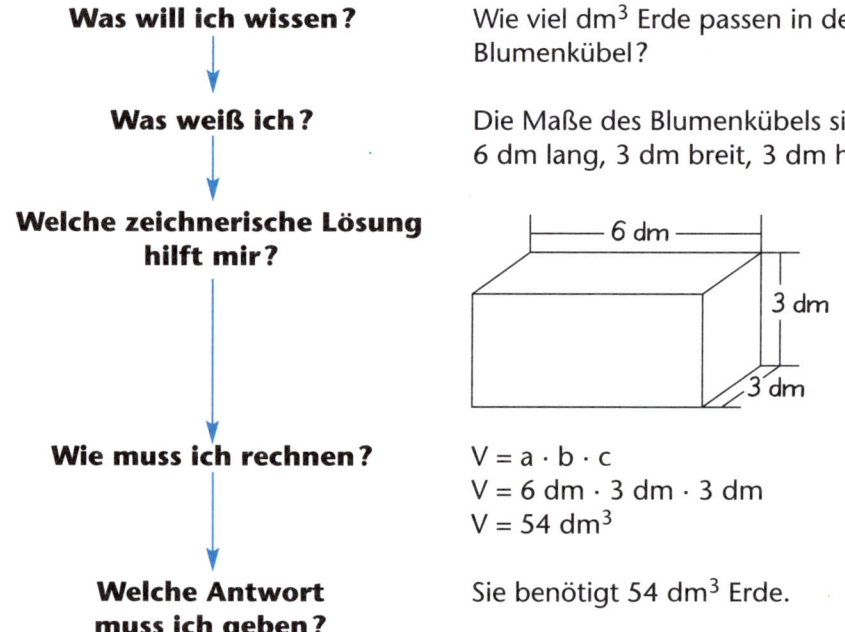

Wie muss ich rechnen?

$V = a \cdot b \cdot c$
$V = 6\ \text{dm} \cdot 3\ \text{dm} \cdot 3\ \text{dm}$
$V = 54\ \text{dm}^3$

Welche Antwort muss ich geben?

Sie benötigt 54 dm^3 Erde.

Rechendiagramm als Lösungshilfe

TIPPS + HILFEN!

Viele Sachaufgaben kannst du leichter lösen, wenn du erst ein Rechendiagramm zeichnest. Es gibt verschiedene Arten von Rechendiagrammen.

1. Fatih trainiert zweimal in der Woche. Am Montag schwimmt er 375m, am Freitag 425 m.

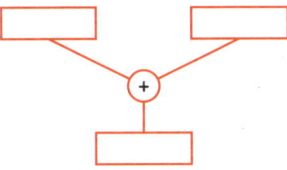

Addieren
zweier Längen

2. Im Training ist Friederike 650 m geschwommen und Benjamin 475 m.

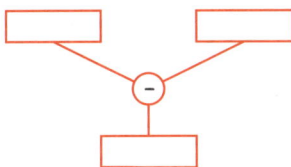

Subtrahieren
zweier Längen

3. Jens schwimmt im Hallenbad auf einer 25-m-Bahn 14 Bahnen.

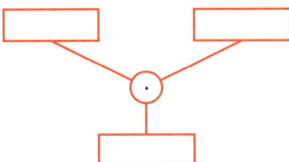

Multiplizieren
einer Länge mit einer Zahl

4. Michael schwimmt im Training 20 Bahnen; das sind 500 m.

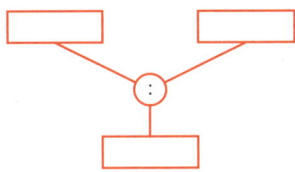

Dividieren
einer Länge durch eine Zahl

5. Ayse ist auf einer 25-m-Bahn 600 m geschwommen.

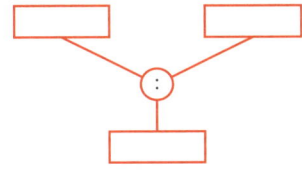

Dividieren
zweier Längen

1. Familie Müller kauft einen Bauplatz. Er ist 21,5 m breit und 35 m lang. Wie viel m² groß ist der Bauplatz?

Rechnung:

Antwort: _____

2. 1,2 t Äpfel werden in Netze mit je 2 kg abgepackt. Wie viele Netze werden benötigt?

Rechnung:

Antwort: _____

3. Die Spielfläche einer Tennishalle ist 16,96 a groß. Für einen Tennisplatz benötigt man 4,24 a. Wie viele Plätze können eingerichtet werden?

Rechnung:

Antwort: _____

Rechenbaum als Lösungshilfe

TIPPS + HILFEN!

Sachaufgaben mit mehreren Rechnungen kannst du leichter lösen, wenn du erst einen Rechenbaum zeichnest und dann die einzelnen Aufgaben berechnest. Jeder Rechenbaum setzt sich aus mehreren Rechendiagrammen zusammen.

Ein Baugrundstück ist 23 m breit und 36 m lang. Ein Quadratmeter kostet 150 €. Wie teuer ist das Grundstück?

Rechenbaum:

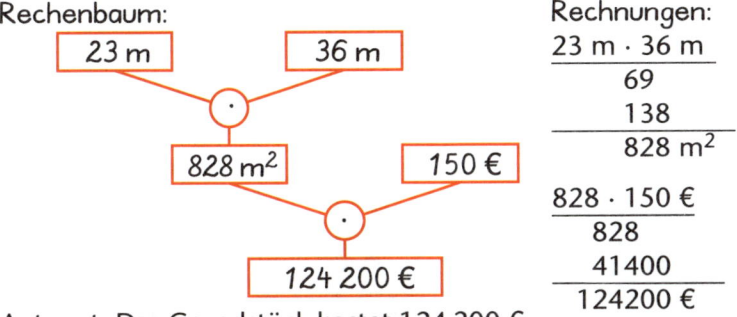

Rechnungen:

23 m · 36 m
69
138
————
828 m²

828 · 150 €
828
41400
————
124200 €

Antwort: Das Grundstück kostet 124 200 €.

1. Ein Lkw hat ein Ladegewicht von 6 t. Er hat bereits eine Maschine (1,256 t) und eine Kiste mit Zubehörteilen (0,823 t) geladen. Wie viele kg können noch zugeladen werden?

Rechnungen:

Antwort: _____

2. Familie Krug baut auf ihrem Grundstück (6,21 a) ein Wohnhaus, das 9 m breit und 11 m lang ist. Wie viel m² bleiben für den Garten übrig?

Rechnungen:

Antwort: _____

1. Ein Autohändler kauft einen Gebrauchtwagen für 7 650 € und lässt ihn für 475,35 € instand setzen. Wie groß ist der Gewinn, wenn er ihn für 8 990 € verkaufen kann?

Rechnungen:

Antwort:

2. Die 5 a (25 Kinder) kauft für ein Klassenfest ein: eine Kiste Sprudel zu 6,80 €, eine Kiste Saft zu 7,40 € und Knabbergebäck zu 4,40 €. In der Klassenkasse sind noch 7,10 €. Wie viel € muss jedes Kind dazuzahlen?

Rechnungen:

Antwort:

Skizze als Lösungshilfe

TIPPS + HILFEN!

Viele Sachaufgaben kannst du leichter lösen, wenn du erst eine Skizze anfertigst und dann die Aufgaben berechnest.

Herr Berger ist mit seinem Auto in einem Monat 1 610 km gefahren.
Wie viele km ist er durchschnittlich in einer Woche gefahren?

Skizze:

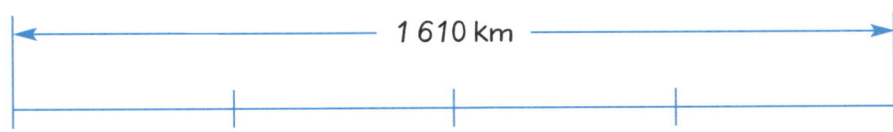

Rechnung: 1610 km : 4 = 402,5 km

```
16
 1
 0        Antwort: In einer Woche ist er durchschnittlich
10        402,5 km gefahren.
 8
20
20
 0
```

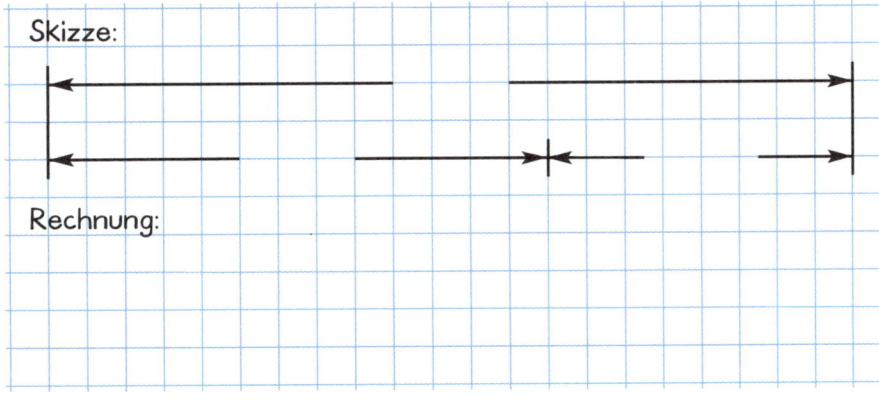

1. Familie Schmitz fährt mit dem Auto in den Urlaub. Sie müssen 1 385 km bis zu ihrem Urlaubsort fahren. Am ersten Tag schaffen sie 728 km. Wie viele km müssen sie am zweiten Tag noch fahren?

Skizze:

Rechnung:

Antwort: _____

1. Der Schall braucht für 330 m eine Sekunde. Wie viele km ist ein Gewitter entfernt, wenn der Donner sechs Sekunden nach dem Blitz zu hören ist?

Skizze:

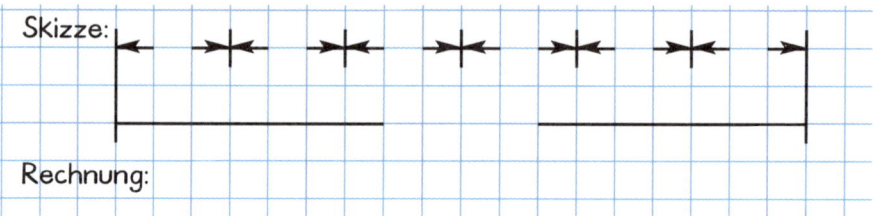

Rechnung:

Antwort: _____

2. Ein Buch hat 48 Blätter. Jedes Blatt ist 507 cm² groß. Wie viele Quadratmeter bedecken die Blätter, wenn sie zu einer Fläche nebeneinander gelegt würden?

Skizze:

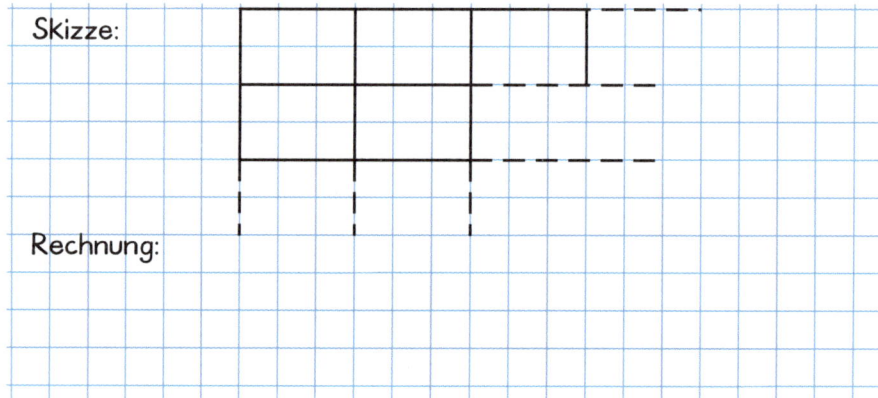

Rechnung:

Antwort: _____

3. Eine Baugrube wird ausgehoben. Sie soll 14 m breit, 11 m lang und 2,6 m tief werden. Wie viele Kubikmeter Erde müssen ausgehoben werden?

Skizze:

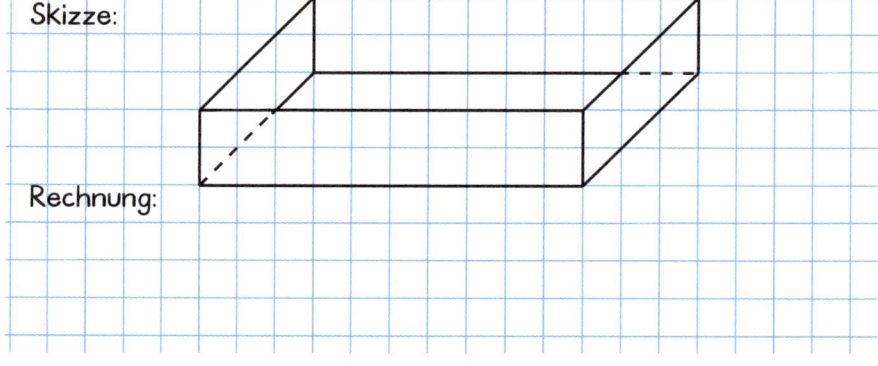

Rechnung:

Antwort: _____

Tabelle als Lösungshilfe

TIPPS + HILFEN!

Viele Sachaufgaben kannst du leichter lösen, wenn du erst eine Tabelle zeichnest und dann rechnest.

Ein Jagdhund legt in einer Sekunde rund 25 m zurück. Wie viele Kilometer würde er in einer Minute (in zehn Minuten) zurücklegen?

Tabelle:

Zeit	Strecke
1 sec	25 m
1 min	1500 m
10 min	15000 m

·60   ·60
·10   ·10

Rechnungen:

$$\frac{25 \text{ m} \cdot 60}{1500 \text{ m}} = 1{,}5 \text{ km}$$

$$\frac{1500 \text{ m} \cdot 10}{15000 \text{ m}} = 15 \text{ km}$$

Er würde in einer Minute 1,5 km, in zehn Minuten 15 km zurücklegen.

1. Ein ausgewachsener Gorilla frisst in einem Monat bis zu 885 kg Früchte und Pflanzenteile. Wie viele kg frisst er an einem Tag, wie viele in einer Woche? (Rechne mit: 1 Monat = 30 Tage; 1 Monat = 4 Wochen).

Tabelle:

Zeit	Gewicht

Rechnungen:

Antwort: _____

_____

1. Für ein Telefongespräch in der Ortszone werden für jede angefangene Zeiteinheit von 6 Minuten 0,12 € berechnet. Wie teuer ist ein Gespräch, das 10 Minuten (18 Minuten) dauert? Rechne in deinem Heft.

Tabelle:

Zeit	Gebühren
1–6 min (1. Zeiteinheit)	
7–12 min (2. Zeiteinheit)	
13–18 min (3. Zeiteinheit)	

Antwort: _____

_____

2. Herr Fröhlich fährt mit seinem Reisebus in einer Woche durchschnittlich 2 600 km. Der Reisebus verbraucht auf 100 km etwa 18,5 Liter Dieselkraftstoff.

a) Berechne die Kilometer-Strecke für einen Monat und ein Jahr. (Rechne mit: 1 Monat = 4 Wochen; 1 Jahr = 52 Wochen.)

Tabelle:

Zeit	Strecke

Antwort: _____

_____

b) Wie viele Liter Dieselkraftstoff werden in einer Woche, in einem Monat, in einem Jahr verbraucht?

Tabelle: Rechnungen:

Strecke	Liter

Antwort: _____

_____

Pfeilbild als Lösungshilfe

TIPPS + HILFEN!

Sachaufgaben mit Zeitpunkten (Uhrzeiten, Daten) und Zeitspannen (Dauer von Vorgängen) kannst du leichter mit Pfeilbildern lösen.

Ein Film beginnt um 20.15 Uhr und läuft 53 Minuten. Wann ist der Film abgelaufen?

Pfeilbild: 20.15 Uhr $\xrightarrow{\text{+ 53 min}}$ 21.08 Uhr

Antwort: Um 21.08 Uhr ist er abgelaufen.

1. Ein Marathonlauf wurde um 10.00 Uhr gestartet. Der Sieger durchlief um 12.30 Uhr das Ziel. Wie viele Stunden benötigte er?

Rechnung:

Antwort: _____

2. Frau Peschel fährt mit dem Zug von Hamburg nach Frankfurt. Sie fährt um 13.45 Uhr ab und kommt nach 3,5 Stunden an. Wann kommt sie in Frankfurt an?

Rechnung:

Antwort: _____

1. Herr Röder spielt in der Woche dreimal 1,5 Stunden Tennis. Herr Kistner fünfmal eine $\frac{3}{4}$ Stunde. Wer von beiden spielt mehr Tennis in einer Woche?

Rechnung:

Antwort: _____

2. Für eine 15 km lange Wanderung gibt eine Streckenbeschreibung die Zeit von 4,5 Stunden an. Welche Zeit ist dann für einen Kilometer vorgesehen?

Rechnungen:

Antwort: _____

3. In einem Hallenbad fasst ein Schwimmbecken 735 m³ Wasser. Es dauert 3,5 Stunden, bis es geleert ist. Wie viele m³ Wasser fließen in einer Stunde ab?

Rechnungen:

Antwort: _____

Sachbereiche

Bundesjugendspiele

Ausschnitte aus einer Wettkampfkarte für Mädchen

50-m-Lauf

10,1	**10,0**	9,9	9,8	9,7	9,6	9,5	9,4	9,3	9,2	9,1	**9,0**	8,9	8,8	8,7	8,6	8,5	8,4	8,3	8,2	8,1	**8,0**
309	**325**	340	356	373	390	407	424	442	460	479	**498**	518	538	558	579	600	622	645	667	691	**715**

Weitsprung

2,65	2,67	2,69	2,71	2,73	2,75	2,77	2,79	2,81	2,83	2,85	2,87	2,89	2,91	2,93	2,95	2,97	2,99	**3,01**	3,03	3,05	3,07
323	329	336	342	349	355	362	368	375	381	388	394	400	407	413	419	425	432	**438**	444	450	456
3,15	3,17	3,19	3,21	3,23	3,25	3,27	3,29	3,31	3,33	3,35	3,37	3,39	3,41	3,43	3,45	3,47	3,49	**3,51**	3,53	3,55	3,57
481	487	493	499	505	511	517	523	529	534	540	546	552	558	564	569	575	581	**587**	593	598	604

Schlagball 80 g

15,5	16,0	16,5	17,0	17,5	18,0	18,5	19,0	19,5	**20,0**	20,5	21,0	21,5	22,0	22,5	23,0	23,5	24,0	24,5	25,0	25,5	26,0
342	354	365	376	387	398	409	419	430	**440**	450	460	470	480	489	499	508	518	527	536	545	554
28,0	28,5	29,0	29,5	**30,0**	30,5	31,0	31,5	32,0	32,5	33,0	33,5	34,0	34,5	35,0	35,5	36,0	36,5	37,0	37,5	38,0	38,5
589	598	606	614	**623**	631	639	647	655	663	671	679	687	695	702	710	718	725	733	740	748	755

Ausschnitte aus einer Wettkampfkarte für Jungen

50-m-Lauf

10,2	10,1	**10,0**	9,9	9,8	9,7	9,6	9,5	9,4	9,3	9,2	9,1	**9,0**	8,9	8,8	8,7	8,6	8,5	8,4	8,3	8,2	8,1
244	256	**268**	281	294	309	325	342	359	376	394	412	**430**	449	468	488	508	529	550	572	594	617

Weitsprung

2,69	2,71	2,73	2,75	2,77	2,79	2,81	2,83	2,85	2,87	2,89	2,91	2,93	2,95	2,97	2,99	**3,01**	3,03	3,05	3,07	3,09	3,11
344	348	353	358	363	368	373	377	382	387	392	396	401	408	414	420	**427**	433	439	445	451	458
3,19	3,21	3,23	3,25	3,27	3,29	3,31	3,33	3,35	3,37	3,39	3,41	3,43	3,45	3,47	3,49	**3,51**	3,53	3,55	3,57	3,59	3,61
482	488	494	500	506	512	518	524	530	536	542	548	554	560	566	571	**577**	583	589	595	600	603

Schlagball 80 g

20,5	21,0	21,5	22,0	22,5	23,0	23,5	24,0	24,5	25,0	25,5	26,0	26,5	27,0	27,5	28,0	28,5	29,0	29,5	**30,0**	30,5	31,0
314	324	333	343	353	362	372	381	390	400	409	418	426	435	444	453	461	470	478	**486**	495	503
33,0	33,5	34,0	34,5	35,0	35,5	36,0	36,5	37,0	37,5	38,0	38,5	39,0	39,5	**40,0**	40,5	41,0	41,5	42,0	42,5	43,0	43,5
535	543	551	558	566	574	581	589	596	604	611	619	626	633	**640**	647	655	662	669	676	683	690

Mindestpunktzahlen für Urkunden

Alter	Mädchen Siegerurkunde	Ehrenurkunde	Jungen Siegerurkunde	Ehrenurkunde
10	900	1 300	1 150	1 600
11	1 050	1 450	1 300	1 700
12	1 200	1 600	1 400	1 850

1. Trage deine Leistungen in die Tabelle ein. Berechne die Gesamtpunktzahl. Bekommst du eine Sieger- bzw. Ehrenurkunde? Rechne in deinem Heft.

	50-m-Lauf	Weitsprung	Schlagball 80 g	Gesamtpunktzahl
Leistung				
Punkte				

1. Anne ist 11 Jahre alt und hat beim Werfen 508 Punkte und beim Weit-springen 564 Punkte erreicht. Wie viele Punkte muss sie mindestens noch im Laufen erreichen, um eine Ehrenurkunde zu bekommen?

Rechnungen:

Antwort:

2. Fatih ist 11 Jahre alt. Sein weitester Sprung war 3,53 m; sein weitester Wurf war 28,5 m und er lief 8,5 Sekunden. Bekommt er eine Sieger- bzw. Ehrenurkunde?

Rechnung:

Antwort:

3. Die Kinder der Klasse 5 b möchten gerne wissen, ob die Mädchen oder die Jungen in ihrer Klasse am besten abgeschnitten haben.

Erreichte Punkte / Mädchen:
11 Jahre: 1 020 / 1 505 / 1 753 / 1 132 / 1 320 / 1 564 / 1712 / 1 408 / 1 180 / 1 060
12 Jahre: 1 322 / 1 628 / 1 190
Erreichte Punkte / Jungen:
11 Jahre: 1 750 / 1 285 / 1 912 / 1 008 / 1 236 / 1 822 / 1 462 / 1 390
12 Jahre: 1 382 / 1 300 / 1 968 / 1 934 / 1 768

a) Wer hat die meisten Urkunden bekommen?

Rechnung:

Antwort:

b) Wer hat die größere Gesamtpunktzahl?

Rechnungen:

Antwort:

Entfernungen im Weltraum

1. Der Mond ist von der Erde rund 380 000 km entfernt. Ein Düsenflugzeug kann in einer Stunde 1 000 km zurücklegen, ein Autofahrer 100 km und ein Radfahrer 20 km. Wie lange würde das Düsenflugzeug (der Autofahrer, der Radfahrer) für eine „Fahrt zum Mond" brauchen?

Rechnungen:

Antwort:

2. Das Licht legt in einer Sekunde rund 300 000 km zurück.
a) Das Wievielfache des Erdumfangs (40 000 km) durcheilt das Licht in einer Sekunde?

Rechnung:

Antwort:

b) Die Sonne ist von der Erde rund 150 Millionen km entfernt. Wie lange benötigt das Licht von der Sonne bis zur Erde? Runde auf volle Minuten.

Rechnungen:

Antwort:

Große Bauwerke

1. Die Chinesische Mauer ist die längste Mauer der Welt. Sie ist
2 170 km lang.

    a) Wie lange würdest du benötigen, um auf ihr entlangzugehen,
       wenn du in einer Stunde 5 km schaffst?

Rechnung:

Antwort:

    b) Wie lange würdest du benötigen, wenn du mit dem Fahrrad
       fahren würdest und in einer Stunde 20 km schaffen würdest?

Rechnung:

Antwort:

2. Die Cheops-Pyramide ist die bekannteste und größte Pyramide. Sie
wurde mit 2 300 000 Steinblöcken gebaut, von denen jeder 3 t
wiegt. Wie viele Güterwaggons wären dafür erforderlich? Ein
Güterwaggon hat eine Tragfähigkeit von 20 t.

Rechnungen:

Antwort:

Jetzt sollst du an Sachaufgaben aus verschiedenen Sachbereichen das Gelernte erproben. Wenn du irgendwo noch unsicher bist, dann schau einfach vorn in den Kapiteln noch einmal nach.

Der menschliche Körper

1. Der menschliche Körper hat etwa 206 Knochen. Der kleinste Knochen ist der Steigbügel im Mittelohr. Er ist etwa 0,3 cm lang. Der größte Knochen ist der Oberschenkelknochen. Er ist etwa 0,51 m lang. Wievielmal länger ist der Oberschenkelknochen als der Steigbügel im Mittelohr?

Rechnung:

Antwort: _____

_____

2. Im menschlichen Körper gibt es etwa 50 Billionen Zellen. Die größte Zelle ist die Eizelle der Frau mit einem Durchmesser von etwa 0,2 mm. Die kleinste Zelle ist eine rote Blutzelle mit einem Durchmesser von etwa 0,01 mm. Wievielmal größer ist die Eizelle als die rote Blutzelle?

Rechnung:

Antwort: _____

_____

3. Alle Blutgefäße im menschlichen Körper sind etwa 90 000 km lang. Der Äquator ist 40 000 km lang. Wievielmal länger sind die Blutgefäße als der Äquator?

Rechnung:

Antwort: _____

_____

1. Ungefähr $\frac{2}{3}$ des menschlichen Körpers bestehen aus Wasser. Die meiste Flüssigkeit befindet sich in den Zellen und um sie herum.

a) Svens Vater wiegt 72 kg. Wie viel kg seines Körpers bestehen aus Wasser?

Rechnung:

Antwort: _____

b) Etwa $\frac{1}{8}$ des Wassers ist im Blut. Wie viel Liter sind das? Rechne mit 1 kg = 1 Liter Wasser.

Rechnung:

Antwort: _____

2. Ein Mensch braucht an einem Tag etwa 2 Liter Wasser. Der größere Teil davon stammt aus der Nahrung. Brot besteht zum Beispiel bis zu $\frac{2}{5}$ aus Wasser. Wie viel Liter Wasser enthält 1 kg Brot?

Rechnung:

Antwort: _____

1. Jeder Körper verbraucht bei den verschiedenen Tätigkeiten unterschiedlich viele Kalorien. In einer Minute werden bei leichter Arbeit etwa 4,2 Kalorien und bei schwerer Arbeit etwa 12,6 Kalorien verbraucht. Vergleiche den Kalorienverbrauch bei den verschiedenen Arbeiten.

Antwort: _____

2. Bei der Atmung nehmen wir Luft durch die Nase oder den Mund in unseren Körper auf. In die Lunge eines Mannes passen etwa 6 Liter Luft, in die Lunge einer Frau etwa 4,5 Liter. Wievielmal mehr Luft passt in die Lunge eines Mannes?

Antwort: _____

3. Bakterien gehören mit zu den kleinsten Lebewesen. Einige von ihnen treten als Krankheitserreger auf. Sie sind etwa 0,005 mm lang und müssen unter einem Mikroskop sichtbar gemacht werden. Wie lang sind sie bei einer 1 000fachen Vergrößerung?

Antwort: _____

Besondere Maße

1. Beim Computer verwendet man $3\frac{1}{2}$- und $5\frac{1}{4}$-Zoll-Disketten. Berechne die Kantenlänge der Disketten in cm. Runde auf eine Stelle nach dem Komma.

Rechnungen:

Antwort: _____

2. Der Durchmesser der Fahrradreifen wird in Zoll angegeben. Wie groß ist der Durchmesser eines 28-Zoll-Reifens in cm? Runde auf eine Stelle nach dem Komma.

Rechnung:

Antwort: _____

3. Der Durchmesser von Wasserrohren wird auch in Zoll angegeben. Wie dick ist ein $\frac{3}{4}$-Zoll-Rohr in cm? Runde auf eine Stelle nach dem Komma.

Rechnung:

Antwort: _____

1 Knoten =
1 Seemeile
(=1852m)
pro Stunde

1. Mit einem Segelboot schaffte Benjamins Vater in 3 Stunden
27,78 km. Mit welcher Geschwindigkeit war er gesegelt?

Rechnungen:

Antwort: _____

2. Ein Katamaran kann 30 Knoten erreichen. Welche Strecke kann man
mit ihm in einer halben Stunde zurücklegen?

Rechnung:

Antwort: _____

3. Die deutschen Seenotrettungsschiffe erreichen eine Geschwindigkeit
von 40 Knoten. Wie viel km sind das pro Stunde? Runde auf volle km.

Rechnungen:

Antwort: _____

1 yard =
3 feet = 0,915 m
1 foot = 0,305 m

In England kennt man die Maße „yard" und „foot". Längenangaben für Spiele, die in England ihren Ursprung haben (Fußball, Tennis), wurden in yard bzw. foot festgelegt.

Rechnungen:

Antwort: _____

2. Der „Elfmeterpunkt" für den Strafstoß ist 36 feet von der Torlinie entfernt. Gib die genaue Entfernung in Meter an.

Rechnung:

Antwort: _____

3. Das Feld für das Einzel-Spiel im Tennis ist 26 yards lang und 9 yards breit. Rechne die Länge und Breite des Feldes in Meter um. Runde auf 2 Stellen nach dem Komma.

Rechnungen:

Antwort: _____

1. Mit sechs Käsespießen hat OKiDOKi den Bruch $\frac{2}{3}$ gelegt.

a) Kannst du durch Umlegen zweier Käsespieße den Bruch halbieren?

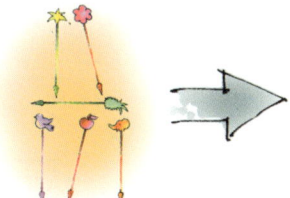

b) Kannst du auch durch Umlegen eines Käsespießes den Bruch halbieren?

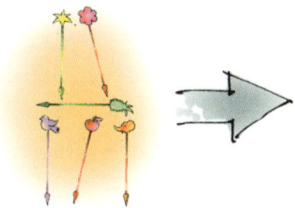

c) Kannst du auch durch Umlegen eines Käsespießes den Bruch verdoppeln?

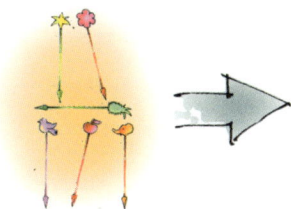

Lösungen zu Alles über Brüche

Seite 5

1. a) 12 Karos   b) 6 Karos   c) 4 Karos

Seite 6

1. a) $\frac{1}{8}$ b) $\frac{1}{3}$ c) $\frac{1}{16}$ d) $\frac{1}{4}$

   e) $\frac{3}{8}$ f) $\frac{2}{3}$ g) $\frac{4}{16}$ h) $\frac{3}{4}$

2.

$$1 \xrightarrow{\;:8\;} \frac{1}{8} \xrightarrow{\;\cdot 3\;} \frac{3}{8}$$

Seite 7

1. a) 20 Karos   2. a) $\frac{5}{6}$ 3. b) $\frac{1}{4}$ K $+ \frac{3}{4}$ K $= 1$ K

   b) 18 Karos   b) $\frac{5}{8}$ c) $\frac{3}{8}$ K $+ \frac{5}{8}$ K $= 1$ K

   c) 25 Karos   c) $\frac{7}{16}$ d) $\frac{2}{3}$ K $+ \frac{1}{3}$ K $= 1$ K

                                 e) $\frac{4}{6}$ K $+ \frac{2}{6}$ K $= 1$ K

                                 f) $\frac{8}{12}$ K $+ \frac{4}{12}$ K $= 1$ K

Seite 8

1. b) $\frac{4}{8}$ Q $+ \frac{4}{8}$ Q $= 1$ Q   e) $\frac{8}{16}$ Q $+ \frac{8}{16}$ Q $= 1$ Q   2. a)   6 Karos   f)   8 Karos

   c) $\frac{6}{8}$ Q $+ \frac{2}{8}$ Q $= 1$ Q   f) $\frac{10}{16}$ Q $+ \frac{6}{16}$ Q $= 1$ Q   b)   4 Karos   g)   9 Karos

   d) $\frac{2}{16}$ Q $+ \frac{14}{16}$ Q $= 1$ Q   c)   3 Karos   h) 10 Karos

                                               d   2 Karos   i)   5 Karos

                                                 e)   1 Karo

Seite 9

1. a) $\frac{1}{3}$ b) $\frac{2}{7}$ c) $\frac{5}{9}$ d) $\frac{7}{12}$ e) $\frac{13}{25}$ f) $\frac{21}{43}$ g) $\frac{37}{52}$ h) $\frac{61}{99}$

Seite 11

1. a) $1\frac{3}{4}$ kg   b) $1\frac{3}{10}$ t   3. $\frac{11}{4}$ t $= 2\frac{3}{4}$ t $\frac{27}{10}$ g $= 2\frac{7}{10}$ g   4. a)   Europa

   c) $2\frac{1}{8}$ m   d) $4\frac{1}{2}$ cm $\frac{9}{2}$ kg $= 4\frac{1}{2}$ kg $\frac{15}{4}$ cm $= 3\frac{3}{4}$£ cm   b)   Montblanc

                                $\frac{7}{4}$ m $= 1\frac{3}{4}$ m $\frac{31}{5}$ km $= 6\frac{1}{5}$ km

2. a) $\frac{10}{3}$ t   b) $\frac{19}{8}$ m

   c) $\frac{19}{4}$ kg   d) $\frac{16}{5}$ h

Seite 12

1. a) $\frac{1}{2}$ cm $= $ 5 mm   c) $\frac{3}{10}$ m $= $ 30 cm   e) $\frac{3}{4}$ km   f) $\frac{4}{10}$ km

   b) $\frac{7}{10}$ cm $= $ 7 mm   d) $\frac{4}{20}$ m $= $ 20 cm $= 750$ m $= 400$ m

Seite 13

1. a) $\frac{3}{4}$ m   b) $\frac{3}{5}$ m   2. a) $\frac{1}{2}$ m   b) $\frac{1}{5}$ m   3. a) 20 mm^2 d) 35 dm^2

   c) $\frac{7}{10}$ m   d) $\frac{1}{4}$ km   c) $\frac{1}{4}$ m   d) $\frac{1}{2}$ km   b) 80 mm^2 e) 25 m^2

   e) $\frac{2}{5}$ km   f) $\frac{4}{10}$ km   e) $\frac{1}{4}$ km   f) $\frac{1}{5}$ km   c)   5 dm^2 f) 75 m^2

Seite 14

1. a) 50 Karos   b) 80 Karos   2. b) $\frac{3}{8}$ m^2 $+ \frac{5}{8}$ m^2 $= 1$ m^2 e) $\frac{9}{16}$ m^2 $+ \frac{7}{16}$ m^2 $= 1$ m^2

   c) 70 Karos   d) 75 Karos   c) $\frac{4}{6}$ m^2 $+ \frac{2}{6}$ m^2 $= 1$ m^2 f) $\frac{8}{16}$ m^2 $+ \frac{8}{16}$ m^2 $= 1$ m^2

   e) 55 Karos   f) 50 Karos   d) $\frac{5}{10}$ m^2 $+ \frac{5}{10}$ m^2 $= 1$ m^2

Seite 15

1. a) $\frac{1}{2}$ cm^2 b) $\frac{3}{4}$ cm^2 2. a) $\frac{2}{8}$ L $= 250$ ml   3. a) $\frac{4}{8}$ L   b) $\frac{2}{8}$ L   4. a) $\frac{1}{10}$ L   b) $\frac{1}{20}$ L

   c) $\frac{1}{5}$ cm^2 d) $\frac{1}{4}$ dm^2 b) $\frac{7}{10}$ L $= 700$ ml   c) $\frac{6}{8}$ L   d) $\frac{3}{8}$ L   c) $\frac{1}{4}$ L   d) $\frac{3}{20}$ L

   e) $\frac{3}{5}$ dm^2 f) $\frac{4}{5}$ dm^2 c) $\frac{4}{8}$ L $= 800$ ml   e) $\frac{3}{5}$ L   f) $\frac{9}{10}$ L

                               d) $\frac{3}{20}$ L $= 150$ ml

Seite 16

1. a) 750 g b) 700 g
   c) 125 g d) 600 g
   e) 750 g f) 100 g

2. a) $\frac{1}{2}$ kg b) $\frac{1}{8}$ kg
   c) $\frac{2}{5}$ kg d) $\frac{3}{8}$ kg
   e) $\frac{7}{10}$ kg f) $\frac{3}{4}$ kg

3. a) 36 s b) 12 s
   c) 10 s d) 40 s
   e) 24 s f) 45 s

4. a) 10 min b) 36 min
   c) 12 min

5. a) 1 Monat
   b) 4 Monate
   c) 3 Monate

6. a) $\frac{1}{4}$ min b) $\frac{1}{2}$ min
   c) $\frac{1}{6}$ min d) $\frac{3}{4}$ h
   e) $\frac{5}{6}$ h f) $\frac{1}{10}$ h
   g) $\frac{1}{4}$ J h) $\frac{3}{4}$ J
   i) $\frac{5}{6}$ J

Seite 17

1. a) 21 € b) 25 € c) 78 € d) 40 € e) 120 € f) 350 €

Seite 18

1. a) 27 € b) 30 min c) 36 t d) 80 km

Seite 19

1. a) 99 € b) 20 kg c) 15 km d) 40 m² e) 60 min f) 60 l g) 310 m h) 126 m

Seite 20

1) a) $\frac{3}{4}$ b) $\frac{2}{3}$

2) a) $\frac{4}{7}$ b) $\frac{6}{9}$ c) $\frac{2}{7}$ d) $\frac{3}{7}$

Seite 21

1)

Zahlenstrahl 0 bis 1: $\frac{1}{2}$, $\frac{2}{2}$

Zahlenstrahl 0 bis 1: $\frac{1}{4}$, $\frac{2}{4}$, $\frac{3}{4}$, $\frac{4}{4}$

Zahlenstrahl 0 bis 1: $\frac{1}{8}$, $\frac{2}{8}$, $\frac{3}{8}$, $\frac{4}{8}$, $\frac{5}{8}$, $\frac{6}{8}$, $\frac{7}{8}$, $\frac{8}{8}$

Seite 22

1)

Zahlenstrahl 0, $\frac{1}{10}$, $\frac{1}{4}$, $\frac{1}{2}$, 1, 2: $\frac{1}{20}$, $\frac{1}{5}$, $\frac{7}{20}$, $\frac{3}{4}$, $\frac{13}{10}$, $\frac{9}{5}$

Zahlenstrahl 0, 1, 2: $\frac{1}{5}$, $\frac{3}{5}$, $\frac{5}{5}$, $1\frac{2}{5}$, $1\frac{4}{5}$, $2\frac{1}{5}$

2. a) Zahlenstrahl ❷
   b) Zahlenstrahl ❹
   c) Zahlenstrahl ❸
   d) Zahlenstrahl ❶

Seite 23

1. a) $\frac{9}{15}$, $\frac{9}{12}$, $\frac{15}{75}$
   b) $\frac{8}{28}$, $\frac{20}{32}$, $\frac{24}{80}$
   c) $\frac{28}{42}$, $\frac{35}{63}$, $\frac{84}{105}$
   d) $\frac{54}{63}$, $\frac{63}{108}$, $\frac{90}{99}$

Seite 24

1. a) 4, 3, 5 b) 6, 6, 8
   c) 9, 9, 3 d) 12, 8, 8

2. a) $\frac{40}{72}$, $\frac{63}{72}$, $\frac{30}{72}$, $\frac{28}{72}$
   b) $\frac{46}{72}$, $\frac{36}{72}$, $\frac{30}{72}$, $\frac{60}{72}$
   c) $\frac{20}{72}$, $\frac{54}{72}$, $\frac{45}{72}$, $\frac{42}{72}$
   d) $\frac{15}{72}$, $\frac{27}{72}$, $\frac{38}{72}$, $\frac{48}{72}$

3. a) $\frac{36}{63}$, $\frac{36}{63}$, $\frac{36}{84}$, $\frac{36}{162}$
   b) $\frac{36}{48}$, $\frac{36}{45}$, $\frac{36}{40}$, $\frac{36}{46}$
   c) $\frac{36}{40}$, $\frac{36}{90}$, $\frac{36}{54}$, $\frac{36}{135}$
   d) $\frac{36}{108}$, $\frac{36}{51}$, $\frac{36}{52}$, $\frac{36}{126}$

Seite 25

1. a) $\frac{4}{10}$ b) $\frac{2}{10}$ c) $\frac{5}{10}$ d) $\frac{6}{10}$

2. a) $\frac{20}{100}$, $\frac{50}{100}$, $\frac{25}{100}$
   b) $\frac{60}{100}$, $\frac{75}{100}$, $\frac{80}{100}$
   c) $\frac{15}{100}$, $\frac{16}{100}$, $\frac{30}{100}$
   d) $\frac{50}{100}$, $\frac{24}{100}$, $\frac{46}{100}$

3. a) $\frac{90}{1000}$, $\frac{75}{1000}$, $\frac{48}{1000}$
   b) $\frac{120}{1000}$, $\frac{300}{1000}$, $\frac{160}{1000}$
   c) $\frac{500}{1000}$, $\frac{750}{1000}$, $\frac{400}{1000}$
   d) $\frac{72}{1000}$, $\frac{22}{1000}$, $\frac{720}{1000}$

4. a) 30 cm, 35 cm, 34 cm
   b) 50 cm, 75 cm, 40 cm
   c) 300 m, 400 m, 125 m
   d) 750 m, 450 m, 500 m

Seite 26

1. $\frac{8}{16} = \frac{4}{8} = \frac{2}{4} = \frac{1}{2}$

2. a) $\frac{2}{5}$ b) $\frac{1}{9}$ c) $\frac{3}{5}$ d) $\frac{3}{4}$
   $\frac{4}{9}$ $\frac{3}{11}$ $\frac{7}{8}$ $\frac{5}{8}$
   $\frac{7}{11}$ $\frac{10}{13}$ $\frac{9}{11}$ $\frac{7}{10}$

Seite 27

1. a) 5 b) 6 c) 4 d) 2
   8   4   7   9

2. a) $\frac{5}{14}$ b) $\frac{3}{5}$
   $\frac{2}{5}$ $\frac{3}{5}$
   $\frac{3}{4}$ $\frac{1}{5}$

3. a) $\frac{28}{49} = \frac{4}{7}$ b) $\frac{90}{96} = \frac{15}{16}$
   $\frac{10}{35} = \frac{2}{7}$ $\frac{40}{75} = \frac{8}{15}$
   c) $\frac{8}{12} = \frac{2}{3}$ d) $\frac{10}{30} = \frac{5}{15}$
   $\frac{25}{50} = \frac{5}{10}$ $\frac{40}{80} = \frac{5}{10}$

4. a) $\frac{1}{3} = \frac{6}{18} = \frac{5}{15} = \frac{3}{9} = \frac{7}{21}$
   $\frac{1}{2} = \frac{6}{12} = \frac{12}{24} = \frac{8}{16} = \frac{11}{22}$
   $\frac{3}{4} = \frac{6}{8} = \frac{15}{20} = \frac{21}{28} = \frac{9}{12}$

   b) $\frac{5}{6} = \frac{25}{30} = \frac{45}{54} = \frac{20}{24} = \frac{30}{36}$
   $\frac{2}{5} = \frac{14}{35} = \frac{18}{45} = \frac{16}{40} = \frac{12}{30}$
   $\frac{3}{8} = \frac{24}{64} = \frac{15}{40} = \frac{12}{32} = \frac{18}{48}$

Seite 28

1. $\frac{3}{10} < \frac{5}{10}$
   $\frac{6}{10} > \frac{5}{10}$
   $\frac{3}{10} < \frac{6}{10}$
   $\frac{6}{10} < \frac{7}{10}$
   $\frac{12}{10} > \frac{10}{10}$

2. a) $\frac{3}{4} > \frac{1}{4}$
   $1\frac{7}{9} > \frac{4}{9}$
   $\frac{3}{8} < 2\frac{1}{8}$
   $1\frac{1}{15} < \frac{17}{15}$

   b) $\frac{2}{6} < \frac{5}{6}$
   $\frac{3}{5} < 3\frac{4}{5}$
   $2\frac{2}{7} > \frac{5}{7}$
   $\frac{31}{32} < 2\frac{2}{32}$

   c) $\frac{5}{12} < \frac{7}{12}$
   $6\frac{3}{4} > 5\frac{1}{4}$
   $2\frac{5}{6} < 3\frac{5}{6}$
   $7\frac{1}{8} > 6\frac{7}{8}$

   d) $\frac{3}{20} < \frac{11}{20}$
   $2\frac{7}{8} < 3\frac{1}{8}$
   $7\frac{1}{5} > 6\frac{4}{5}$
   $11\frac{9}{12} < 12\frac{11}{12}$

Seite 29

1. a) $\frac{6}{7} > \frac{2}{3}$ b) $\frac{8}{9} > \frac{7}{8}$

Seite 30

1. a) $\frac{35}{25} < \frac{24}{15}$
   b) $\frac{10}{4} > \frac{21}{14}$
   c) $\frac{15}{27} > \frac{20}{45}$

2. a) $1\frac{3}{4} < 4\frac{1}{2}$;
   $\frac{7}{4} < \frac{9}{2}$
   b) $7\frac{6}{9} < 8\frac{1}{11}$;
   $\frac{69}{9} < \frac{89}{11}$

   c) $7\frac{7}{30} > 4\frac{8}{40}$;
   $\frac{217}{30} > \frac{168}{40}$
   d) $1\frac{5}{8} < 4\frac{1}{4}$;
   $\frac{13}{8} < \frac{17}{4}$

   e) $3\frac{1}{5} < 5$;
   $\frac{16}{5} < \frac{20}{4}$
   f) $6\frac{2}{12} > 6$;
   $\frac{74}{12} > \frac{90}{15}$

Seite 32

⚀ $2\frac{3}{4}$
$3\frac{1}{2}$
$3\frac{1}{3}$
$1\frac{1}{8}$
$\frac{9}{2}$
$\frac{27}{10}$
$\frac{31}{6}$
$\frac{19}{4}$

⚁ a) $\frac{3}{4} > \frac{1}{4}$
b) $\frac{2}{6} < \frac{5}{6}$
c) $\frac{5}{12} < \frac{7}{12}$
d) $1\frac{7}{9} > 1\frac{4}{9}$
e) $\frac{3}{4} < \frac{5}{6}$
f) $\frac{6}{7} > \frac{2}{3}$
g) $\frac{3}{5} < \frac{4}{6}$
h) $2\frac{3}{8} < 2\frac{1}{2}$

⚂ a) $\frac{15}{25}$ b) $\frac{14}{49}$
$\frac{15}{20}$ $\frac{35}{56}$
$\frac{25}{125}$ $\frac{42}{140}$

c) $\frac{36}{54}$ d) $\frac{66}{77}$
$\frac{45}{81}$ $\frac{77}{132}$
$\frac{108}{135}$ $\frac{110}{121}$

⚃ a) $\frac{2}{3}$ b) $\frac{1}{9}$
$\frac{4}{9}$ $\frac{3}{11}$
$\frac{7}{11}$ $\frac{10}{13}$

c) $\frac{3}{5}$ d) $\frac{3}{4}$
$\frac{7}{8}$ $\frac{5}{8}$
$\frac{9}{11}$ $\frac{7}{10}$

⚄ a) $\frac{5}{12}$ b) $\frac{2}{7}$
c) $\frac{8}{15}$ d) $\frac{1}{6}$
e) $\frac{3}{4}$ f) $\frac{5}{18}$

Lösungen zu Mit Brüchen rechnen

Seite 33

1. 4 Fünftel   2 Achtel   6 Siebtel   7 Elftel
   7 Neuntel   3 Sechstel   9 Zehntel   4 Zwölftel

Seite 34

1. a) $\frac{2}{8} + \frac{1}{8} = \frac{3}{8}$ c) $\frac{4}{6} - \frac{2}{6} = \frac{2}{6}$ 2. a) $\frac{3}{4}$ b) $\frac{1}{3}$ c) $\frac{2}{5}$ j) $\frac{1}{2}$ k) $\frac{1}{4}$ l) $\frac{1}{5}$
   b) $\frac{3}{6} + \frac{2}{6} = \frac{5}{6}$ d) $\frac{5}{8} - \frac{3}{8} = \frac{2}{8}$ d) 1 e) 1 f) $\frac{1}{2}$ m) $\frac{1}{4}$ n) $\frac{1}{2}$ o) $\frac{1}{4}$
   g) $\frac{2}{3}$ h) $\frac{1}{4}$ i) $\frac{3}{4}$ p) $\frac{1}{3}$ q) $\frac{2}{3}$ r) $\frac{1}{3}$

Seite 35

1. a) $\frac{4}{5} + \frac{3}{5} = 1\frac{2}{5}$ d) $\frac{5}{8} + \frac{6}{8} = 1\frac{3}{8}$ 2. a) $5 - \frac{2}{5} = 4\frac{3}{5}$ d) $10 - \frac{5}{8} = 9\frac{3}{8}$
   b) $\frac{2}{3} + \frac{2}{3} = 1\frac{1}{3}$ e) $\frac{3}{6} + \frac{4}{6} = 1\frac{1}{6}$ b) $6 - \frac{2}{3} = 5\frac{1}{3}$ e) $9 - \frac{5}{6} = 8\frac{1}{6}$
   c) $\frac{3}{4} + \frac{3}{4} = 1\frac{1}{2}$ f) $\frac{7}{10} + \frac{6}{10} = 1\frac{3}{10}$ c) $3 - \frac{1}{4} = 2\frac{3}{4}$ f) $10 - \frac{7}{10} = 9\frac{3}{10}$

Seite 36

1. a) $3\frac{1}{4}$ b) $2\frac{1}{3}$ e) $1\frac{1}{2}$ f) $2\frac{1}{3}$ 2. a) $4\frac{2}{5}$ b) $5\frac{1}{3}$ e) $4\frac{4}{5}$ f) $5\frac{2}{3}$
   c) 6 d) $3\frac{2}{3}$ g) $5\frac{1}{2}$ c) $6\frac{1}{3}$ d) $3\frac{2}{7}$ g) $2\frac{5}{7}$

Seite 37

1. a) $5\frac{1}{2}$ b) $7\frac{2}{5}$ 2. a) $12 \to 11\frac{1}{4} \to 10\frac{2}{4} \to 9\frac{3}{4} \to$ b) $\frac{2}{8} \to \frac{7}{8} \to 1\frac{4}{8} \to 2\frac{1}{8} \to 2\frac{6}{8} \to$
   c) $3\frac{3}{8}$ d) $5\frac{1}{3}$ $9 \to 8\frac{1}{4} \to 7\frac{2}{4} \to 6\frac{3}{4} \to$ $3\frac{3}{8} \to 4 \to 4\frac{5}{8} \to 5\frac{2}{8} \to$
   $6 \to 5\frac{1}{4} \to 4\frac{2}{4} \to 3\frac{3}{4} \to$ $5\frac{7}{8} \to 6\frac{4}{8} \to 7\frac{1}{8} \to 7\frac{6}{8} \to$
   $3 \to 2\frac{1}{4} \to 1\frac{2}{4} \to \frac{3}{4}$ $8\frac{3}{8} \to 9 \to 9\frac{5}{8}$

Seite 38

1. a) $\frac{5}{6}$ b) $\frac{13}{24}$ e) $\frac{10}{12}$ f) $\frac{30}{28}$ i) $\frac{27}{44}$ j) $\frac{14}{15}$
   c) $\frac{7}{9}$ d) $\frac{33}{45}$ g) $\frac{19}{20}$ h) $\frac{67}{90}$ k) $\frac{16}{21}$ l) $\frac{47}{60}$

Seite 39

1. a) $\frac{4}{12}$ b) $\frac{11}{20}$ e) $\frac{3}{10}$ f) $\frac{11}{24}$ 2. a) 40 b) 80 c) 24
   c) $\frac{1}{6}$ d) $\frac{13}{30}$ g) $\frac{3}{8}$ h) $\frac{6}{30}$ d) 33 e) 30 f) 60
   g) 45 h) 60 i) 36

Seite 40

1. a) $\frac{23}{30}$ b) $\frac{17}{20}$ g) $\frac{7}{12}$ h) $\frac{5}{18}$ 2. a) $3\frac{13}{24}$ b) $4\frac{1}{24}$ 3. a) $6\frac{1}{6}$ b) $3\frac{3}{4}$
   c) $\frac{47}{56}$ d) $\frac{9}{10}$ i) $\frac{1}{20}$ j) $\frac{7}{30}$ c) $3\frac{7}{15}$ d) $10\frac{1}{15}$ c) $4\frac{17}{30}$ d) $12\frac{13}{40}$
   e) $\frac{32}{63}$ f) $\frac{19}{20}$ k) $\frac{22}{45}$ l) $\frac{4}{9}$ e) $2\frac{19}{24}$ f) $\frac{9}{10}$ e) $1\frac{32}{35}$ f) $2\frac{3}{4}$
   g) $5\frac{31}{40}$ h) $13\frac{23}{24}$ g) $1\frac{5}{6}$ h) $8\frac{14}{15}$

Seite 41

[⚀] a) $\frac{2}{3}$ b) $\frac{3}{5}$ i) $2\frac{2}{3}$ j) $7\frac{1}{3}$ [⚄] a) 24 b) 14 c) 36 [⚁] a) $\frac{2}{3}$ b) $\frac{11}{14}$
   c) $\frac{1}{4}$ d) $\frac{1}{5}$ k) $6\frac{1}{3}$ l) $2\frac{1}{2}$ d) 130 e) 12 f) 15 c) $\frac{1}{8}$ d) $\frac{5}{8}$
   e) $1\frac{1}{8}$ f) $1\frac{1}{2}$ m) $6\frac{1}{4}$ n) $5\frac{1}{3}$ g) 30 h) 120 e) $5\frac{7}{12}$ f) $7\frac{1}{9}$
   g) $5\frac{1}{5}$ h) $1\frac{4}{5}$ o) $4\frac{4}{5}$ p) $6\frac{3}{4}$ g) $2\frac{5}{12}$ h) $9\frac{43}{48}$
   i) $10\frac{1}{6}$ j) $8\frac{14}{15}$

Seite 42

1. a) $\frac{3}{8} \cdot 2 = \frac{6}{8} = \frac{3}{4}$ 2. a) $\frac{2}{3}$ b) $4\frac{1}{2}$ c) $2\frac{4}{7}$
   b) $\frac{1}{3} \cdot 3 = \frac{3}{3} = 1$ d) $6\frac{2}{3}$ e) 6 f) $5\frac{1}{4}$

Seite 43

1. a) $11\frac{2}{3}$ b) 15 2. a) $\frac{1}{2}$ b) 4 3. a) 2 km b) 6 l   4. a) multipliziert: $\frac{8}{9}$;
   c) 9 d) $3\frac{1}{3}$ c) 10 d) $11\frac{2}{3}$ c) $3\frac{1}{2}$ m d) $1\frac{3}{4}$ kg   erweitert: $\frac{8}{36}$
   e) $1\frac{1}{4}$ kg f) $3\frac{1}{3}$ l   b) multipliziert: 3;
   erweitert: $\frac{15}{75}$
   c) multipliziert: $8\frac{1}{3}$;
   erweitert: $\frac{100}{240}$

Seite 44

1. a) $\frac{3}{4} : 2 = \frac{3}{8}$ 2. a) $\frac{3}{40}$ b) $\frac{5}{27}$
   b) $\frac{5}{6} : 2 = \frac{5}{12}$ c) $\frac{1}{3}$ d) $\frac{2}{25}$

Seite 45

1. a) $\frac{2}{75}$ b) $\frac{2}{15}$ 2. a) $\frac{1}{8}$ b) $\frac{4}{9}$ 3. a) dividiert: $\frac{1}{16}$;   c) dividiert: $\frac{2}{7}$;   e) dividiert: $\frac{1}{10}$;
   c) $\frac{5}{12}$ d) $\frac{4}{9}$ c) $\frac{5}{8}$ d) $\frac{7}{60}$ gekürzt: $\frac{5}{16}$ gekürzt: $\frac{6}{7}$ gekürzt: $\frac{3}{5}$
   e) $\frac{1}{18}$ f) $\frac{1}{35}$ b) dividiert: $\frac{1}{2}$;   d) dividiert: $\frac{3}{20}$;
   g) $\frac{1}{12}$ h) $\frac{3}{8}$ gekürzt: 4 gekürzt: $\frac{3}{5}$

Seite 46

1. a) $\frac{14}{30}$ b) $\frac{20}{30}$

Seite 47

1. a) $\frac{14}{30}$ b) $\frac{2}{3}$ e) $\frac{1}{11}$ f) $\frac{1}{4}$ 2. a) $6\frac{3}{4}$ b) $10\frac{2}{7}$

c) $\frac{2}{3}$ d) $\frac{3}{11}$ g) 1   h) $\frac{2}{9}$ c) $15\frac{5}{8}$ d) $19\frac{1}{8}$

e) $6\frac{2}{3}$ f) $11\frac{5}{9}$

Seite 48

1. a) $2\frac{1}{6}$ b) $3\frac{11}{18}$ c) $1\frac{2}{3}$ d) $2\frac{23}{33}$ e) $11\frac{1}{4}$ f) $15\frac{3}{4}$ g) $8\frac{2}{5}$ h) $6\frac{6}{7}$

Seite 49

1. a) 64   b) 56

Seite 50

1. a) $\frac{4}{11}$ b) $1\frac{3}{7}$ 2. a) $\frac{4}{5}$ b) $1\frac{1}{6}$ 3. a) 9   b) $6\frac{2}{5}$

c) $\frac{1}{2}$ d) $1\frac{1}{6}$ c) $1\frac{1}{15}$ d) $2\frac{4}{5}$ c) $7\frac{1}{2}$ d) 6

Seite 51

1. a) $\frac{3}{16}$ b) $\frac{4}{9}$ e) $\frac{3}{10}$ 2. a) $\frac{6}{7}$ b) $\frac{1}{4}$ e) $3\frac{1}{3}$

c) $\frac{5}{42}$ d) $\frac{1}{4}$ c) $\frac{3}{4}$ d) $1\frac{4}{5}$

Seite 52

1. a) $\frac{3}{8}$ b) $\frac{7}{8}$ e) $2\frac{25}{28}$ f) $2\frac{17}{30}$ 2. a) $3\frac{7}{16}$ b) $2\frac{5}{24}$ e) $2\frac{1}{10}$ f) $3\frac{1}{15}$

c) $1\frac{2}{3}$ d) $\frac{3}{5}$ g) $2\frac{1}{3}$ h) $2\frac{28}{51}$ c) $4\frac{2}{7}$ d) $2\frac{1}{18}$ g) $5\frac{5}{24}$ h) $3\frac{4}{49}$

Seite 53

1. a) $\frac{6}{7}$ b) $\frac{1}{4}$ c) $1\frac{4}{5}$ d) $3\frac{1}{3}$ 2. a) $440\frac{3}{7}$ b) $2\,874\frac{1}{6}$ c) $1\,212\frac{3}{8}$

Seite 54/55

⚀ a) $3\frac{1}{3}$ b) $2\frac{5}{8}$ ⚁ a) 25   b) $24\frac{1}{2}$ ⚂ a) $\frac{7}{20}$ b) 2   ⚃ a) $1\frac{1}{2}$ b) $2\frac{2}{25}$

c) $1\frac{1}{7}$ d) $4\frac{1}{2}$ c) 8   d) $25\frac{1}{2}$ c) $\frac{3}{5}$ d) $\frac{9}{28}$ c) $2\frac{5}{8}$ d) $\frac{15}{28}$

e) $\frac{1}{24}$ f) $\frac{1}{24}$ e) $\frac{5}{16}$ f) $\frac{3}{80}$ e) $21\frac{1}{2}$ f) $7\frac{1}{3}$ e) $\frac{5}{8}$ f) $\frac{2}{5}$

g) $\frac{1}{10}$ h) $\frac{1}{30}$ g) $\frac{7}{66}$ h) $\frac{2}{75}$ g) $7\frac{1}{2}$ h) $8\frac{4}{7}$ g) $6\frac{2}{5}$ h) $3\frac{3}{4}$

i) $\frac{9}{28}$ j) $1\frac{17}{28}$ i) $2\frac{1}{12}$ j) $2\frac{1}{30}$

k) $1\frac{1}{2}$ k) $\frac{9}{20}$ l) $1\frac{15}{49}$

Lösungen zu Alles über Dezimalbrüche

Seite 57

1. 72,38 € = 72 € 38 Cent = $72\frac{38}{100}$ €

16,008 km = 16 km 8 m = $16\frac{8}{1000}$ km

1,045 kg = 1 kg 45 g = $1\frac{45}{1000}$ kg

0,82 m = 82 cm = $\frac{82}{100}$ m

Seite 58

1. a) 7,605 km
0,812 km
0,047 km

b) 10,80 m
0,98 m
2,53 m

c) 0,812 t
0,009 t
0,076 t
1,005 t

d) 4,672 kg
0,080 kg
0,009 kg
0,625 kg

2. 3,051 = 3 E + 5 h + 1 t = $3\frac{51}{1000}$

6,409 = 6 E + 4 z + 9 t = $6\frac{409}{1000}$

5,26 = 5 E + 2 z + 6 h = $5\frac{26}{100}$

15,087 = 1 Z + 5 E + 8 h + 7 t = $15\frac{87}{1000}$

1 Chefsalat
1 Salat

94 1588

Salamipizza
138 Majanita (groß)

30 Bauernsalat
23 geb. Weichkäse
106 ~~Pizza~~ + rote Soße
 91
Currywurst / Pommes

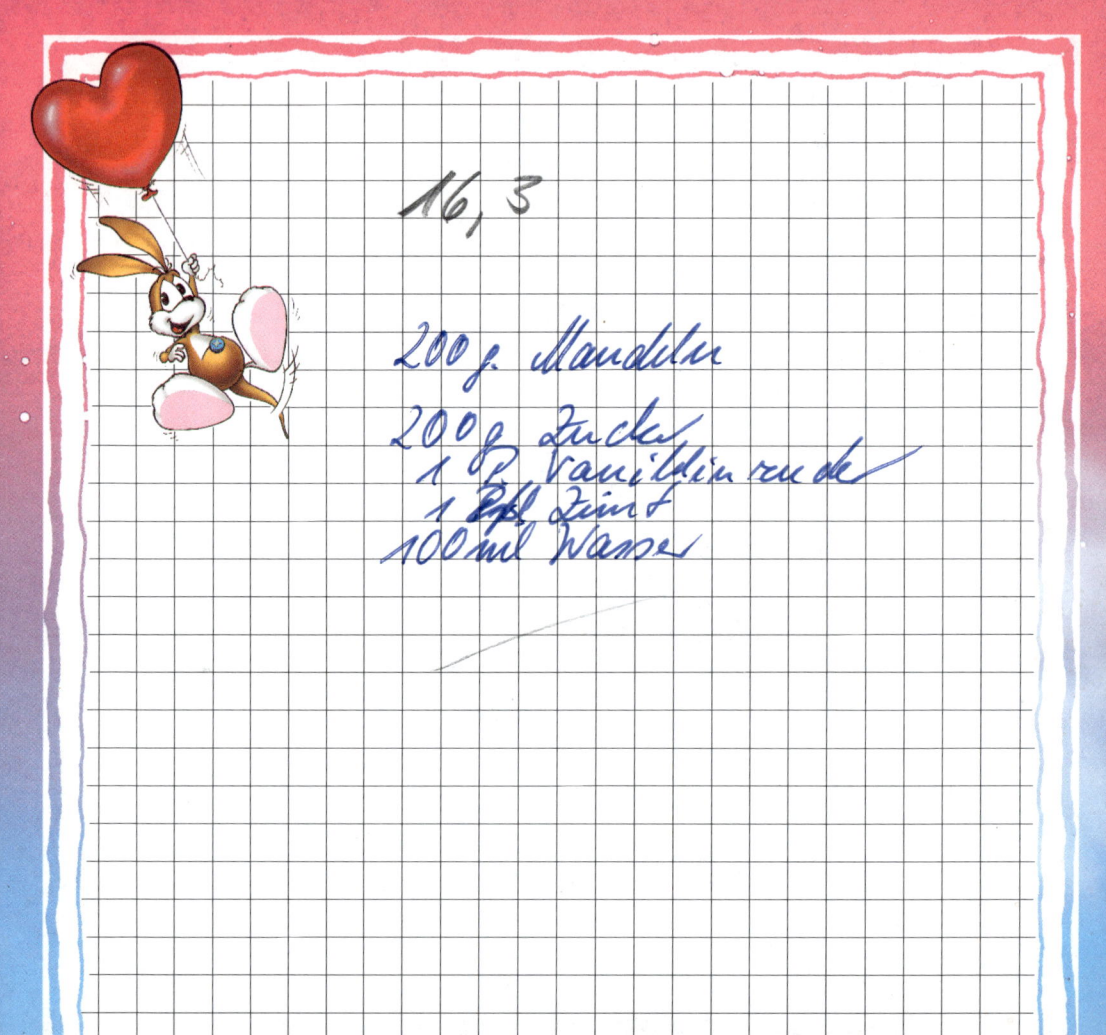

16, 3

200 g. Mandeln

200 g Zucker
1 P. Vanillinzucker
1 EL Zimt
100 ml Wasser

Seite 59

1. $3,56 = 3\frac{56}{100}$

$1,087 = 1\frac{87}{1000}$

$0,72 = \frac{72}{100}$

$4,008 = 4\frac{8}{1000}$

$6,2 = 6\frac{2}{10}$

2. a) $\frac{6}{10}$ b) $\frac{13}{100}$ c) $\frac{582}{1000}$ d) $1\frac{438}{1000}$

$\frac{4}{10}$ $\frac{8}{100}$ $\frac{630}{1000}$ $2\frac{3}{10}$

$\frac{7}{10}$ $\frac{30}{100}$ $\frac{70}{1000}$ $6\frac{8}{100}$

$\frac{9}{10}$ $\frac{5}{100}$ $\frac{3}{1000}$ $5\frac{89}{1000}$

3. a) 0,7 b) 1,3 c) 0,07
0,9 3,5 0,69

d) 2,03 e) 0,437 f) 3,509
5,04 0,061 1,036

Seite 60

1. a) $\frac{386}{1000} = 0,386$

$\frac{475}{1000} = 0,475$

$\frac{142}{1000} = 0,142$

b) $\frac{903}{1000} = 0,903$

$\frac{605}{1000} = 0,605$

$\frac{24}{1000} = 0,024$

2. 0,5 = 0,500
0,030 = 0,0300
0,05 = 0,050
0,0100 = 0,01
0,001 = 0,0010

0,00600 = 0,006
0,0004 = 0,000400
0,9090 = 0,909
0,7 = 0,7000
0,0308 = 0,03080

Seite 61

1. a) 1,49 < 1,51
0,835 < 0,92
0,25 > 0,2050

c) 8,44 > 8,434
3,121 < 3,212
7,04 < 7,048

2. a) 0,04 < 0,4
0,400 = 0,4
0,44 > 0,4

c) 0,4406 > 0,40406
0,4406 > 0,040406
0,4406 > 0,404060

b) 0,68 > 0,6
0,2 < 0,222
0,45 < 0,4555

b) 3,2 = 3,20
3,2 > 3,02
3,2 > 3,002

Seite 62

1. 0,14 < 0,25 < 0,33 < 0,46
< 0,57 < 0,79 < 0,90 < 1,05

1,05 > 0,90 > 0,79 > 0,57
> 0,46 > 0,33 > 0,25 > 0,14

2. 0,36 < 0,5 < 0,63 < 0,77
< 0,89 < 1,04 < 1,15 < 1,40

1,40 > 1,15 > 1,04 > 0,89
> 0,77 > 0,63 > 0,5 > 0,36

3. 0,203 < 0,23 < 0,302 < 0,32
< 0,323 < 0,332

4. a)
0,0055
0,5   0,055
0,05

b)
0,8
0,808   0,88
0,888

c)
0,12
0,122   0,201
0,21

Seite 63

1. a) 1 € b) 14 km c) 34 kg
2 € 7 km 7 kg
19 € 56 km 75 kg

Seite 64

1. a) 10,7 b) 23,77 c) 33,035
3,2 7,09 2,010
0,4 0,36 50,717
29,2 14,01 0,375

Seite 65

1. a) $\frac{3}{5} = \frac{6}{10} = 0,6$

$\frac{7}{50} = \frac{14}{100} = 0,14$

$\frac{9}{25} = \frac{36}{100} = 0,36$

b) $\frac{17}{500} = \frac{34}{1000} = 0,034$

$\frac{71}{250} = \frac{284}{1000} = 0,284$

$\frac{11}{125} = \frac{88}{1000} = 0,088$

2. a) $\frac{49}{70} = \frac{7}{10} = 0,7$

$\frac{22}{110} = \frac{2}{10} = 0,2$

$\frac{30}{150} = \frac{2}{10} = 0,2$

b) $\frac{25}{500} = \frac{5}{100} = 0,05$

$\frac{75}{300} = \frac{25}{100} = 0,25$

$\frac{36}{1200} = \frac{3}{100} = 0,03$

3. a) $3,3 = 3\frac{3}{10}$

$0,410 < \frac{5}{10}$

$0,03 < \frac{3}{10}$

$1,825 > 1\frac{6}{8}$

b) $\frac{12}{100} = 0,120$

$\frac{1}{4} > 0,025$

$\frac{30}{100} < 0,38$

$1\frac{3}{5} > 1,006$

c) $1\frac{7}{10} < 1,77$

$1\frac{3}{4} > 0,175$

$3\frac{2}{10} > 3,02$

$\frac{1}{8} = 0,125$

4. $0,6 = \frac{3}{5}$

$0,8 = \frac{4}{5}$

$0,04 = \frac{1}{25}$

$0,1 = \frac{1}{10}$

$0,75 = \frac{3}{4}$

$0,05 = \frac{1}{20}$

$0,2 = \frac{1}{5}$

Seite 66

1. a) $\frac{15}{4} = 3{,}75$ b) $\frac{38}{25} = 1{,}52$ c) $\frac{17}{20} = 0{,}85$

Seite 67

1. a) $\frac{7}{3} = 2{,}\overline{3}$ c) $\frac{4}{3} = 1{,}\overline{3}$ 2. a) $\frac{25}{6} = 4{,}1\overline{6}$ c) $\frac{13}{15} = 0{,}8\overline{6}$

   b) $\frac{5}{9} = 0{,}\overline{5}$ b) $\frac{1}{12} = 0{,}08\overline{3}$

Seite 68

1. a) $\frac{5}{11} = 0{,}\overline{45}$ c) $\frac{1}{7} = 1{,}\overline{142857}$ 2. $\frac{2}{3} = 0{,}\overline{6}$ $\frac{1}{6} = 0{,}1\overline{6}$

   b) $\frac{19}{22} = 0{,}8\overline{63}$ d) $\frac{1}{22} = 0{,}0\overline{45}$ $\frac{4}{9} = 0{,}\overline{4}$ $\frac{1}{9} = 0{,}\overline{1}$

                                           $\frac{5}{6} = 0{,}8\overline{3}$ $\frac{7}{9} = 0{,}\overline{7}$

                                             $\frac{1}{3} = 0{,}\overline{3}$

Seite 70

▫ $0{,}7 \neq 0{,}070$ ▫ $0{,}4$ $0{,}06$ ▫ $\frac{3}{5} = 0{,}6$ $\frac{1}{2} = 0{,}5$ ▫ $\frac{7}{8} = 0{,}875$

$0{,}005 = 0{,}00500$ $0{,}17$ $0{,}284$ $\frac{8}{25} = 0{,}32$ $\frac{17}{50} = 0{,}34$ $\frac{8}{9} = 0{,}8$

$2{,}58 \neq 2{,}5080$ $\frac{70}{250} = 0{,}28$ $\frac{125}{500} = 0{,}25$ $\frac{5}{6} = 0{,}83$

$3{,}08 = 3{,}080$ $\frac{14}{70} = 0{,}2$ $\frac{35}{500} = 0{,}07$

$6{,}020 \neq 6{,}0020$ $\frac{33}{110} = 0{,}3$ $\frac{24}{800} = 0{,}03$

$0{,}00800 \neq 0{,}0800$ $\frac{9}{3000} = 0{,}003$ $\frac{660}{6000} = 0{,}11$

$0{,}105 \neq 0{,}01005$

$1{,}385 = 1{,}38500$

$7{,}10060 = 7{,}100600$

Lösungen zu Mit Dezimalbrüchen rechnen

Seite 72

1. a) $60{,}609$ 3. a) $122{,}047$ 5. a) $5{,}385$ c) $0{,}625$

   b) $502{,}89$ b) $531{,}626$ $\underline{+\ 0{,}742}$ $+\ 9{,}078$

   c) $6\,208{,}4$ c) $109{,}547$ $6{,}127$ $\underline{+\ 1{,}309}$

   d) $375{,}72$ $11{,}012$

                      4. a) $2{,}681$ b) $12{,}295$

2. a) $54{,}459$ b) $318{,}32$ $\underline{+13{,}158}$

   b) $90{,}76$ c) $185{,}382$ $25{,}453$

   c) $247{,}2$

   d) $5\,714{,}29$

Seite 73

1. a) $0{,}9$ b) $3{,}9$ c) $1{,}5$ 2. a) $0{,}89$ b) $1{,}58$ c) $1{,}05$ 3. $0{,}8 \ -\ 0{,}4 = 0{,}4$

     $0{,}7$ $4{,}9$ $1{,}5$ $0{,}81$ $1{,}69$ $1{,}25$ $3{,}2 \ +\ 1{,}3 = 4{,}5$

     $2{,}6$ $7{,}9$ $2{,}4$ $0{,}66 + 0{,}60 = 1{,}26$

                             d) $0{,}35$ e) $1{,}35$ f) $0{,}95$ $5{,}25 \ -\ 0{,}50 = 4{,}75$

   d) $0{,}3$ e) $1{,}4$ f) $0{,}5$ $0{,}50$ $2{,}21$ $1{,}80$ $4{,}5 \ -\ 2{,}7 = 1{,}8$

     $0{,}3$ $3{,}4$ $0{,}5$ $1{,}60 + 0{,}65 = 2{,}25$

     $3{,}1$ $3{,}1$ $5{,}8$ $1{,}3 \ -\ 0{,}6 = 0{,}7$

                                                   $4{,}95 + 1{,}15 = 6{,}1$

Seite 74

▫ a) $0{,}9$ b) $1{,}5$ c) $0{,}95$ ▫ $356{,}263 - 122{,}987 = 233{,}276$ ▫ a) $744{,}074$

                                   $67{,}0921 - 9{,}9883 = 57{,}1038$ b) $302{,}4807$

   d) $0{,}5$ e) $0{,}8$ f) $0{,}26$ $5\,647{,}23 - 654{,}87 =$ c) $30{,}773$

   g) $2{,}1$ h) $1{,}6$ i) $0{,}27$ $4\,992{,}36$ d) $418{,}74$

                                 $5\,608{,}0032 - 1\,009{,}0907 =$ e) $443{,}10$

▫ a) $72{,}737$ $4\,598{,}9125$ f) $577{,}24$

   b) $2{,}8855$ $3{,}34252 - 1{,}67450 =$

   c) $323{,}006$ $1{,}66802$

   d) $68{,}282$

   e) $5{,}1045$

   f) $366{,}856$

Seite 75

1. 65,43; 654,3; 6 543
0,7; 7; 70

2. 0,135; 0,0135; 0,00135
0,07; 0,007; 0,0007

Seite 76

1. a) 48,54
   b) 3,336

c) 140,76
d) 625,6

e) 317,7
f) 0,5056

g) 1 719,9
h) 47 049,2

Seite 77

1. a) Ü.: 23 · 2 = 46
   43,29
   b) Ü.: 48 · 1 = 48
   44,454

c) Ü.: 1 · 23 = 23
   17,19039
d) Ü.: 2 · 6 = 12
   14,10502

2. a) 73,22 m
   b) 3,96 m
   c) 91,69 m

d) 512,56 cm
e) 202,23 cm
f) 5,72 cm

Seite 78

1. a) 1,9
       0,19
       1,9
       19

b) 3,6312
    36,312
    363,12
    36,312

c) 61,74
    6,174
    6,174
    0,6174

2. a) 2,238
   b) 2,64

Seite 79

1. a) 2,645

b) 2,35

c) 0,72

Seite 80

1. a) 19
   b) 0,33
   c) 29,6

d) 5
e) 3,2

f) 18,75
g) 6,4

h) 18
i) 19,7

Seite 81/82

⚀ 52,89; 528,9; 5 289
0,03; 0,3; 3
120,74; 1 207,4; 12 074

⚁ a) 0,9   b) 2,8   c) 0,28
     0,8   9   0,9

⚀ 25,7; 2,57; 0,257
7,83; 0,783; 0,0783
0,309; 0,0309; 0,00309

d) 0,3   e) 0,7   f) 0,02
   0,2   0,3   0,04

⚂ a) 64,26
  b) 6,041
  c) 185,64
  d) 47 716,02
  e) 5,009312

⚄ a) 26,69 m
  b) 47,86 m

⚅ a) 2,19
  b) 3,08
  c) 2,489
  d) 0,83
  e) 245
  f) 34,7
  g) 0,627
  h) 66,4

Lösungen zu Sachaufgaben lösen

Seite 85

1. Fatih schwimmt 800 m.

2. Friederike schwimmt 175 m mehr als Benjamin.

3. Jens schwimmt 350 m.

4. Eine Bahn misst 25 m.

5. Ayse ist 24 Bahnen geschwommen.

Seite 86, Nr. 1

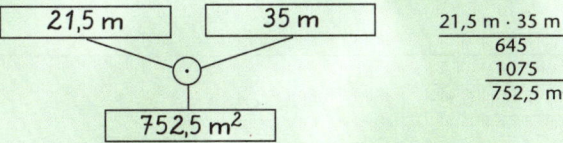

21,5 m · 35 m
645
1075
752,5 m²

Der Bauplatz ist 752,5 m² groß.

Seite 86, Nr. 2

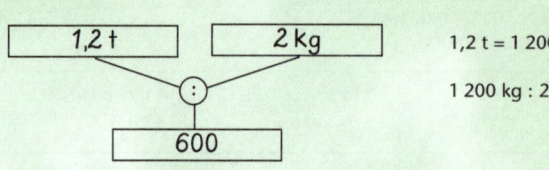

1,2 t = 1 200 kg

1 200 kg : 2 kg = 600

Es werden 600 Netze benötigt.

Seite 86, Nr. 3

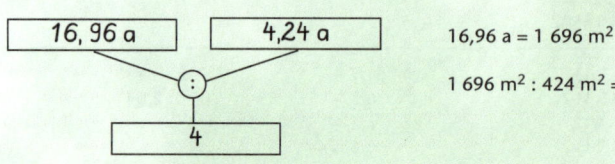

16,96 a = 1 696 m²

1 696 m² : 424 m² = 4

Es können 4 Plätze eingerichtet werden.

Seite 87, Nr. 1

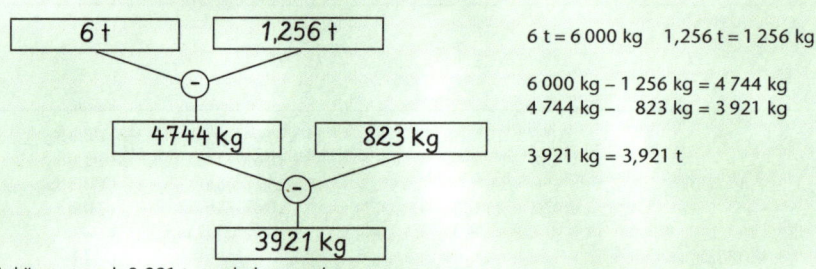

6 t = 6 000 kg   1,256 t = 1 256 kg

6 000 kg − 1 256 kg = 4 744 kg
4 744 kg −   823 kg = 3 921 kg

3 921 kg = 3,921 t

Es können noch 3,921 t zugeladen werden.

Seite 87, Nr. 2

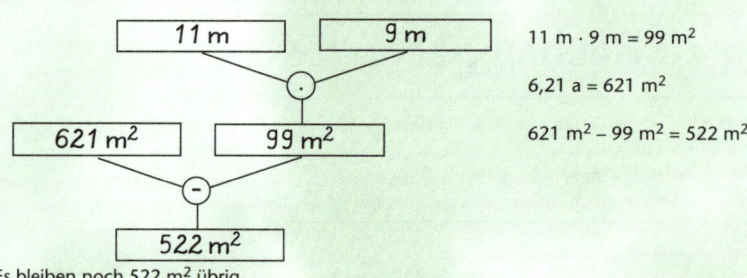

11 m · 9 m = 99 m²

6,21 a = 621 m²

621 m² − 99 m² = 522 m²

Es bleiben noch 522 m² übrig.

Seite 88, Nr. 1

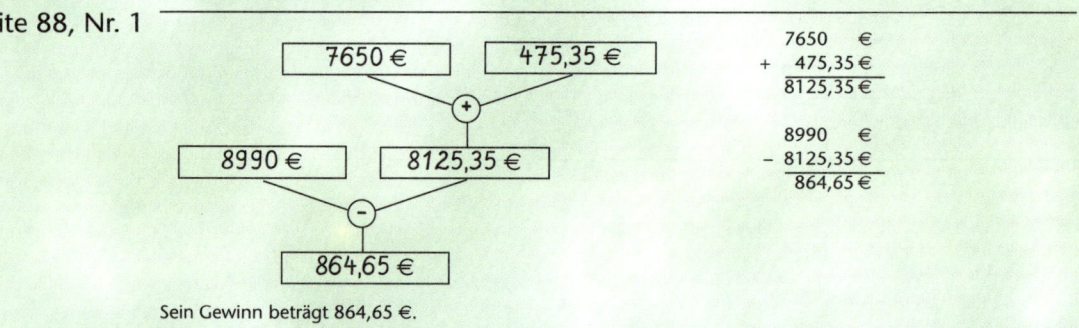

```
  7650   €
+  475,35 €
‾‾‾‾‾‾‾‾‾‾
 8125,35 €
```

```
 8990   €
− 8125,35 €
‾‾‾‾‾‾‾‾‾‾
  864,65 €
```

Sein Gewinn beträgt 864,65 €.

| 6,80 € | 7,40 € | 4,40 € |

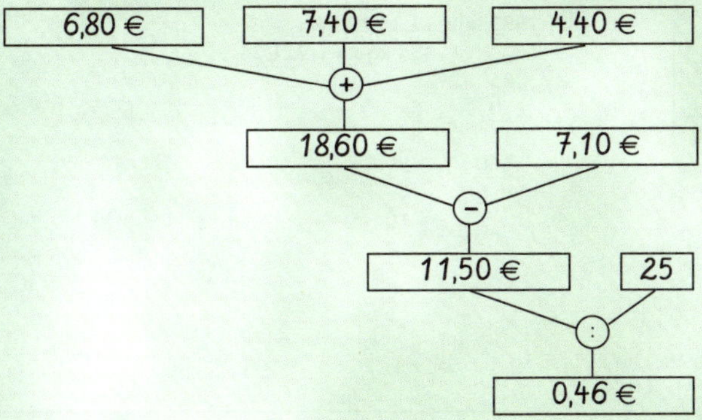

$$6,80 € + 7,40 € + 4,40 € = 18,60 €$$

| 18,60 € | 7,10 € |

$$18,60 € - 7,10 € = 11,50 €$$

| 11,50 € | 25 |

11,50 € = 1 150 Cent
1 150 Cent : 25 = 46 Cent

| 0,46 € |

Jedes Kind muss noch 0,46 € dazuzahlen.

1 385 km
728 km | 657 km

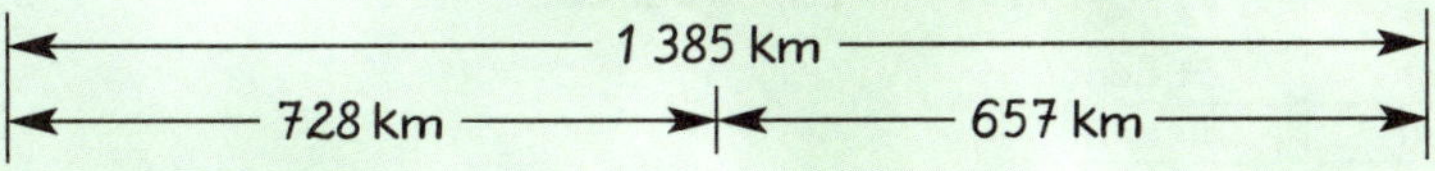

$$1385 \text{ km} - 728 \text{ km} = 657 \text{ km}$$

Am 2. Tag müssen sie noch 657 km fahren.

330 | 330 | 330 | 330 | 330 | 330
1,98 km

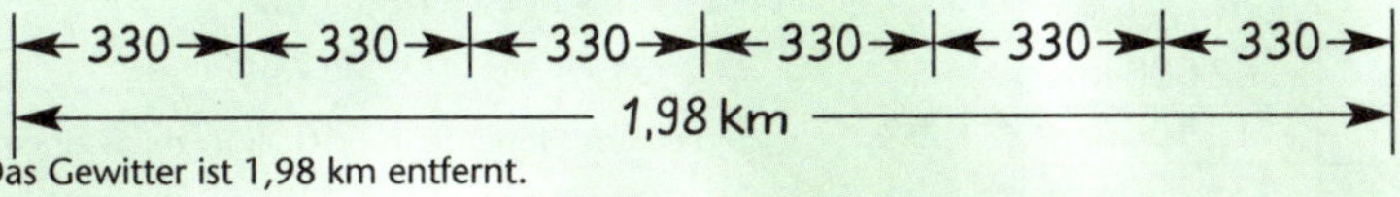

$$330 \text{ m} \cdot 6 \text{ m} = 1980 \text{ m}$$
1 980 m = 1,98 km

Das Gewitter ist 1,98 km entfernt.

| 507 cm^2 | 48 |

| 24336 cm^2 |

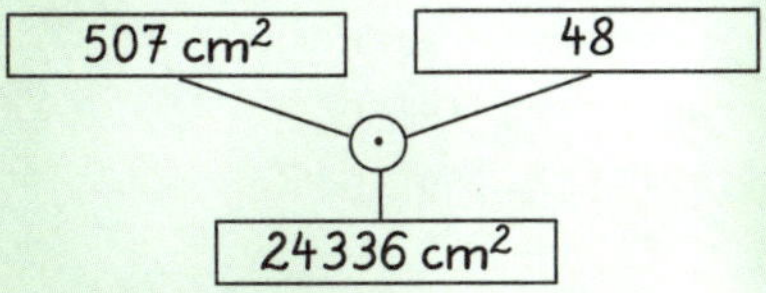

$$507 \text{ cm}^2 \cdot 48$$
$$2028$$
$$4056$$
$$24336 \text{ cm}^2$$

Sie bedecken rund 2,43 m^2.

24 336 cm^2 ≈ 2,43 m^2

14 m · 11 m = 154 m^2

| 14 m | 11 m |

| 154 m^2 | 2,6 m |

| 400,4 m^3 |

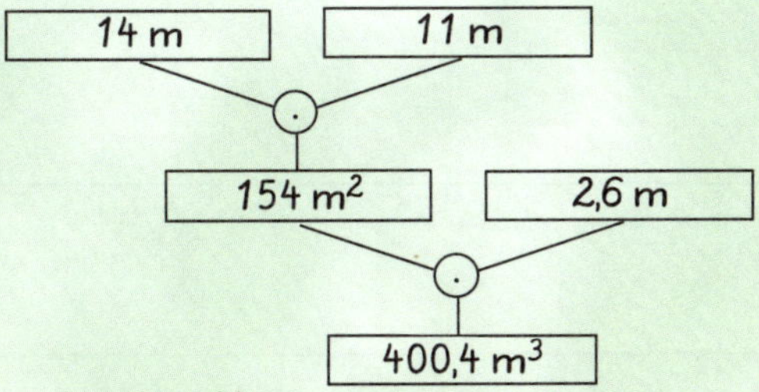

$$154 \text{ m}^2 \cdot 2,6 \text{ m}$$
$$924$$
$$308$$
$$400,4 \text{ m}^3$$

Es müssen 400,4 m^3 Erde ausgehoben werden.

Seite 91, Nr. 1

Zeit	Gewicht
1 Monat	885 kg
1 Tag	29,5 kg
1 Woche	221,25 kg

885 kg : 30 = 29,5 kg
60   885 kg : 4 = 221,25 kg
285   8
270   8
150   8
150   5
  0   4
      10
       8
      20
      20
       0

An einem Tag frisst er 29,5 kg, in einer Woche 221,25 kg.

Seite 92, Nr. 1

Zeit	Gebühren
1. Zeiteinheit	12 Cent
2. Zeiteinheit	24 Cent
3. Zeiteinheit	36 Cent

12 Cent · 2 = 24 Cent = 0,24 €
12 Cent · 3 = 36 Cent = 0,36 €

10 Minuten kosten 0,24 €, 18 Minuten 0,36 €.

Seite 92, Nr. 2 a

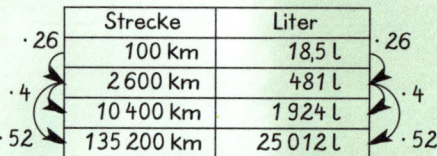

Zeit	Strecke
1 Woche	2 600 km
1 Monat	10 400 km
1 Jahr	135 200 km

2 600 km · 4 = 10 400 km
2 600 km · 52 = 135 200 km

In einem Monat fährt er 10 400 km, in einem Jahr 135 200 km.

Seite 92, Nr. 2 b

Strecke	Liter
100 km	18,5 l
2 600 km	481 l
10 400 km	1 924 l
135 200 km	25 012 l

18,5 l · 26 = 481 l
481 l · 4 = 1 924 l
1 924 l · 52 = 25 012 l

In einer Woche werden 494 l, in einem Monat 1 976 l und in einem Jahr 25 688 l verbraucht.

Seite 93, Nr. 1

10.00 Uhr ——— + 2 h 30 min ———→   12.30 Uhr

Er benötigte 2,5 Stunden.

Seite 93, Nr. 2

13.45 Uhr ——— + 3 h 30 min ———→   17.15 Uhr

Sie kommt um 17.15 Uhr in Frankfurt an.

Seite 94, Nr. 1

Herr Röder: 3 · 1,5 = 4,5   Herr Kistner 5 · 0,75 = 3,75

Herr Röder spielt mehr Tennis als Herr Kistner.

4,5 : 15 = 0,3
0
45
45
0

0,3 h = 3/10 h = 18 Minuten

Für einen Kilometer sind 18 Minuten vorgesehen.

735 m³ : 3,5 =
7350 : 35 = 210 m³
70
35
35
00
0
0

In einer Stunde fließen 210 m³ Wasser ab.

1 450 − (508 + 564) =
1 450 − 1 072 = 378

Sie muss mindestens noch 378 Punkte erreichen.

Springen: 3,53 m − 583 Punkte
Werfen: 28,5 m − 461 Punkte
Laufen: 8,1 Sek. − 617 Punkte
Gesamtpunktzahl: 583 + 461 + 617 = 1 644

Er bekommt eine Siegerurkunde.

11 Jahre alte Mädchen erhalten ab 1 050 Punkte eine Siegerurkunde,
ab 1 450 Punkte eine Ehrenurkunde.

1 020 < 1 050: keine Urkunde   1 505 > 1 450: Ehrenurkunde
1 753 > 1 450: Ehrenurkunde   1 132 > 1 050: Siegerurkunde
1 320 > 1 050: Siegerurkunde   1 564 > 1 450: Ehrenurkunde
1 712 > 1 450: Ehrenurkunde   1 408 > 1 050: Siegerurkunde
1 180 > 1 050: Siegerurkunde   1 060 > 1 050: Siegerurkunde

12 Jahre alte Mädchen erhalten ab 1 200 Punkte eine Siegerurkunde,
ab 1 600 Punkte eine Ehrenurkunde.

1 322 > 1 200: Siegerurkunde   1 628 > 1 600: Ehrenurkunde
1 190 < 1 200: keine Urkunde

Die Mädchen haben 5 Ehrenurkunden und 6 Siegerurkunden,
zusammen also 11 Urkunden bekommen.

11 Jahre alte Jungen erhalten ab 1 300 Punkte eine Siegerurkunde,
ab 1 700 Punkte eine Ehrenurkunde.

1 750 > 1 700: Ehrenurkunde   1 285 < 1 300: keine Urkunde
1 912 > 1 700: Ehrenurkunde   1 008 < 1 300: keine Urkunde
1 236 < 1 300: keine Urkunde   1 822 > 1 700: Ehrenurkunde
1 462 > 1 300: Siegerurkunde   1 390 > 1 300: Siegerurkunde

12 Jahre alte Jungen erhalten ab 1 400 Punkte eine Siegerurkunde,
ab 1 850 Punkte eine Ehrenurkunde.

1 322 < 1 400: keine Urkunde   1 300 < 1 400: keine Urkunde
1 968 > 1 850: Ehrenurkunde   1 934 > 1 850: Ehrenurkunde
1 768 > 1 400: Siegerurkunde

Die Jungen haben 5 Ehrenurkunden und 3 Siegerurkunden,
zusammen also 8 Urkunden bekommen.

11 > 8
Die Mädchen haben die meisten Urkunden bekommen.

Seite 96, Nr. 3 b

Mädchen: 1 020 + 1 505 + 1 753 + 1 132 + 1 320 + 1 564 + 1 712 + 1 408 + 1 180 + 1 060 + 1 322 + 1 628 + 1 190 = 17 794

Jungen: 1 750 + 1 285 + 1 912 + 1 008 + 1 236 + 1 822 + 1 462 + 1 390 + 1 382 + 1 300 + 1 968 + 1 934 + 1 768 = 20 217

20 217 > 17 794
Die Jungen haben die größere Gesamtpunktzahl.

Seite 97, Nr. 1

380 000 km : 1 000 km = 380   380 000 km : 100 km = 3 800
380 000 km : 20 km = 19 000

Der Düsenpilot würde 380 Stunden brauchen, der Autofahrer 3 800 Stunden und der Radfahrer 19 000 Stunden.

Seite 97, Nr. 2 a

300 000 km : 40 000 km = $7\frac{1}{2}$

Es durcheilt in einer Sekunde das $7\frac{1}{2}$fache des Erdumfanges.

Seite 97, Nr. 2 b

150 000 000 km : 300 000 km = 500
500 Sek. : 60 Sek. = 8 Rest 20

Es benötigt rund 8 Minuten.

Seite 98, Nr. 1 a

2 170 km : 5 km = 434

Du würdest 434 Stunden benötigen.

Seite 98, Nr. 1 b

2 170 km : 20 km = 108 Rest 10

Du würdest $108\frac{1}{2}$ Stunden benötigen.

Seite 98, Nr. 2

2 300 000 · 3 t = 6 900 000 t
6 900 000 t : 20 t = 345 000

Es wären 345 000 Güterwaggons erforderlich gewesen.

Seite 99, Nr. 1

0,51 m = 51 cm   51 cm : 0,3 cm =   510 : 3 = 170

Der Oberschenkelknochen ist 170-mal länger als der Steigbügel im Mittelohr.

Seite 99, Nr. 2

0,2 mm : 0,01 mm =   20 : 1 = 20

Die Eizelle der Frau ist 20-mal größer als eine rote Blutzelle.

Seite 99, Nr. 3

90 000 km : 40 000 km = 2,25

Die Blutgefäße sind $2\frac{1}{4}$-mal länger als der Äquator.

Seite 100, Nr. 1 a

72 kg $\cdot \frac{2}{3}$ = 48 kg

48 kg bestehen aus Wasser.

Seite 100, Nr. 1 b

48 kg $\cdot \frac{1}{8}$ = 6 kg   1 l = 1 kg

6 l Wasser sind im Blut.

Seite 100, Nr. 2

1 kg = 1 000 g   1 000 g $\cdot \frac{2}{5}$ = 400 g   1 l = 1 kg

Es enthält 0,4 Liter.

Seite 101, Nr. 1

12,6 : 4,2 =   126 : 42 = 3

Bei schwerer Arbeit werden 3-mal so viel Kalorien wie bei leichter Arbeit verbraucht.

Seite 101, Nr. 2

6 l : 4,5 l = 1,5 l   4,5 : 1,5 = 0,3   0,3 = $\frac{1}{3}$

In die Lunge eines Mannes passt $\frac{1}{3}$ mehr Luft als in die Lunge einer Frau.

Seite 101, Nr. 3

0,005 mm $\cdot$ 1 000 = 5 mm

Sie sind 5 mm lang.

Seite 102, Nr. 1

$3\frac{1}{2}$ wird als Dezimalbruch 3,5 geschrieben.

2,54 cm $\cdot$ 3,5 = 8,89 cm   8,89 cm $\approx$ 8,9 cm

$5\frac{1}{4}$ wird als Dezimalbruch 5,25 geschrieben.

2,54 cm $\cdot$ 5,25 = 13,335 cm   13,335 cm $\approx$ 13,3 cm

Die $3\frac{1}{2}$-Zoll-Diskette hat eine Kantenlänge von 8,9 cm, die $5\frac{1}{4}$-Zoll-Diskette von 13,3 cm.

Seite 102, Nr. 2

28 $\cdot$ 2,54 cm = 71,12 cm   71,12 cm $\approx$ 71,1 cm

Er ist 71,1 cm groß.

Seite 102, Nr. 3

$\frac{3}{4}$ wird als Dezimalbruch 0,75 geschrieben.

0,75 $\cdot$ 2,54 cm = 1,905 cm   1,905 cm $\approx$ 1,9 cm

Es ist 1,9 cm dick.

Seite 103, Nr. 1

27,78 km : 3 = 9,26 km   9,26 km = 9 260 m   9 260 m : 1 852 m = 5

Er war mit einer Geschwindigkeit von 5 Knoten gesegelt.

Seite 103, Nr. 2

1,852 km $\cdot$ 30 = 55,56 km   55,56 km $\cdot \frac{1}{2}$ = 27,78 km

Man kann mit ihm 27,78 km zurücklegen.

Seite 103, Nr. 3

40 $\cdot$ 1, 852 km = 74,08 km   74,08 km $\approx$ 74 km

Pro Stunde sind das 74 km.

Seite 104, Nr. 1

8 · 0,305 m = 2,44 m

24 · 0,305 m = 7,32 m

Das Tor ist 2,44 m hoch und 7,32 m breit.

Seite 104, Nr. 2

36 · 0,305 m = 10,98 m

Die genaue Entfernung beträgt 10,98 m.

Seite 104, Nr. 3

26 · 0,915 m = 23,79 m

9 · 0,915 m = 8,235 m　　　　　8,235 m ≈ 8,24 m

Das Feld ist 23,79 m lang und 8,24 m breit.

Seite 105, Nr. 1

$\frac{2}{3} : 2 = \frac{1}{3}$

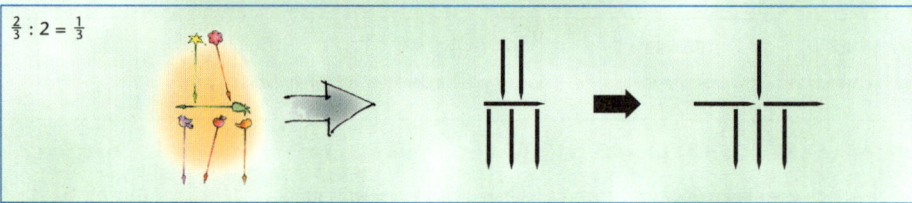

$\frac{2}{3} : 2 = \frac{2}{6}$

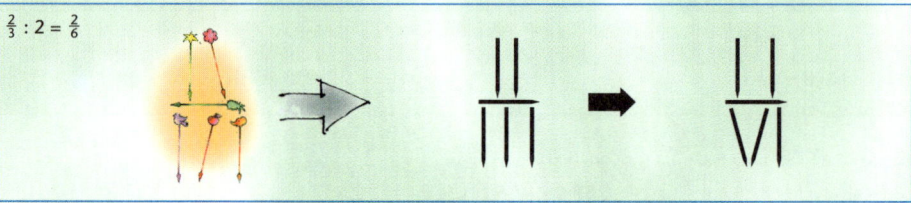

$\frac{2}{3} \cdot 2 = 1\frac{1}{3}$

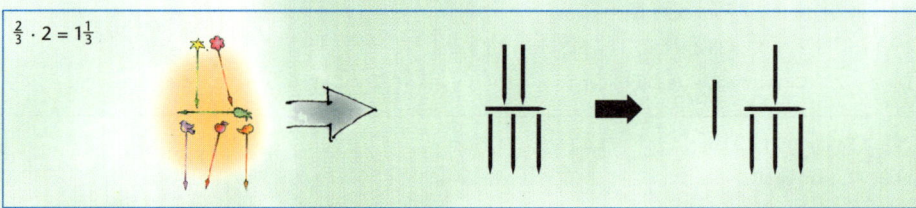